버스 기사가 직접 쓴
안전 운행의 노하우

버스 기사가 직접 쓴
안전 운행의 노하우

끊이지 않는 버스 사고! 이렇게 하면 줄일 수 있다!

임명자 지음

좋은땅

이 글을 쓰게 된 계기

내가 책을 쓴다는 것은 한 번도 상상을 해 본 적이 없다. 어릴 적 시골 농부의 딸로 태어나 등산불 밑에서 정부미 옥수수밥 꽁보리밥 먹으면서 가난하게 살았기에 공부도 많이 못했지만 책 읽는 것을 별로 좋아하지 않아서 평생 50여 년을 살아오면서 책 몇 권 읽지도 않으면서 살아왔기에 더더욱 그런 생각을 했는지도 모른다.

그런데 컴맹인 내가 2년 전부터 어찌하다 블로그를 시작하게 되었다.

일어나는 일상들을 꾸밈없이 그대로 적었기에 글 쓰는 데 시간은 좀 걸렸지만 그리 어려운 거 같지는 않았다. 블로그의 주제는 모든 일상을 그대로 글로 담기 시작했는데 남달리 활동량이 많다 보니 현업으로 시내버스 운전을 하며 바쁜 와중에도 거의 1일 1포스팅 가끔은 2일 1포스팅을 하기도 했다. 버스 운전이 격일제 근무이다 보니 휴무일에는 텃밭 400평을 가꾸면서 텃밭에서 일어나는 일들과 가끔 맛집, 집에서 요리하는 것 등을 포스팅 했다. 그야말로 나의 모든 일상을 블로그에 기록했다고 해도 과언이 아닐 것이다. 읽는 이들이 재미있다고 하고 편하게 읽을 수 있어 좋다 하기에 난 더 1일 1포에 목숨을 걸다시피 했는지도 모른다.

텃밭 작물들을 언제 심고 언제 수확하고 어떻게 하니 괜찮더라, 일일이 그때그때 사진 찍어 저장해 놓았다가 나만의 방법으로 컴맹인 내가 블로그 포스팅을 했다. 텃밭 가꾸는 것을 궁금해하는 이들이 글을 읽어 주는 것만으로도 난 행복함을 느꼈다. 네이버 검색으로 불특정 다수인이 조회를 했다면 정말 더 좋았다. "내 글이 생각 외로 이렇게나 많이 읽혀졌네." 생각하니 기분이 참 좋았다. 그래서 네이버에 상단 노출시키려고 부단히도 노력했다.

그러던 어느 날 내가 버스 기사니까 버스 관련해서 포스팅을 하면 검색률이 좀 나오지 않을까! 이유는 현업으로 버스 운전 하면서 버스 관련해서 경험한 걸 디테일하게 포스팅 하는 사람은 없을 테니까 말이다. 그래서 포스팅 하면 무조건 상단 노출 될 거라는 믿음이 있었다. 지금도 마찬가지지만 그 당시도 버스 승무원이 많이 부족한 실정이라 버스 회사에 입사하고 싶은데 어디서 어떻게 시작을 해야 할지 궁금한 게 많지 않을까 해서 디테일하게 포스팅 했던 것 같다.

버스 관련해서 첫 포스팅의 제목은 "KD운송그룹 버스 회사에 입사하려면"이었는데 지금도 하루 조회 수가 꾸준히 나오고 있는걸 보면 버스 운전 하려는 사람들이 꾸준히 늘어나고 있는 것 같다.

이 글을 쓰다 보니 내가 처음 버스 회사에 입사할 때가 생각난다. 난 남들보다 좀 별난 구석이 있는 듯하다. 새로운 것에 도전하는 걸 두려워하면서도 좋아하고 새로운 것을 접했을 때 생기와 활력을 찾아 사는 걸 즐기는 사람 중 1인 같다.

내가 버스 운전을 해야겠다고 마음먹은 때가 2016년 3월 말경이었다. 가족들이 버스 운전을 하겠다고 하면 말릴 것 같아서 얘기도 하지 않고 버스 운송자격증 취득 문제집을 사서 가족들 없을 때 공부도 며칠 하면서 2016년 4월 7일에 운전면허 시험장 가서 대형면허 취득을 위한 등록을 마치고 그사이 운전적성정밀검사 접수해서 적합으로 나와 버스 운송자격증 시험 접수를 했다. 대형면허 취득을 위해 면허 시험장에 접수한 날로부터 12일 만인 4월 18일에 1종 대형면허, 운전적성정밀검사, 버스 운송자격증 이 3가지를 모두 취득하고 다음 날인 4월 19일에 버스 회사 입사서류를 준비해서 어느 마을버스 회사에 갖다 주었다.

가족들한테 얘기했으면 말릴 것이 뻔해서 입사 서류를 내고서야 버스 운전한다고 하니 남편 왈 버스 운전은 아무나 하나, 버스 운전하려면 대형면허가 있어야 한다면서 코웃음을 치길래 "대형면허 땄지요~" 하니 깜짝 놀라며 그럼 열심히 해 봐라 했던 기억이 지금도 선하다. 그때 당시는 몇 달 하다가 때려치울 거라고 생각하고 열심히 해 봐라 했던 거였다.

마을버스 서류 접수 이틀 후인 4월 21일 월요일에 출근하라는 전화를 받았다. 겁은 무지 났지만 그때는 이 버스 운전이 나의 마지막 직업이 될 것이라고 생각했기에 견습, 실습에 더 충실했던 거 같다. 그날부터 카운티 견습받고 4일 후인 25일부터는 실습하고 그다음 달인 5월 1일부터 바로 배차를 받았다. 그야말로 속전속결!

그러니까 4월 7일에 대형면허 시험 접수하고 한 달도 안 된 5월 1일에 배차를 받았다는 것은 지금 생각해도 겁 많은 내가 어찌 속전속결로 그런 일을 해 냈는지 다시 생각해도 나 자신

버스 기사가 직접 쓴 안전 운행의 노하우

이 대견스럽다.

2016년 5월 1일부터 지금까지 현업으로 버스 운전을 하면서 큰 사고는 아니었지만 몇 번의 사고도 나 봤고 버스 운전하면서 버스 관련해서 참 남다른 생각을 많이 했던 것 같다. 그래서 현업에서 종사하면서 일어나는 버스 사고와 차량 관련해서 가끔씩 블로그에 올렸다. 그런데 순방문자 수가 생각보다 많이 나오는 것이었다.

그러던 어느 날 문득 이런 생각을 했다. 버스 관련해서 블로그 일상에만 올릴 것이 아니라 이 올린 내용들을 정리도 할 겸 한 권의 책으로 정리하면 어떨까 하는 생각을 했다. 버스 회사의 관리자나 버스 운전을 하려는 사람과 현업으로 종사하는 버스 기사들이 읽으면 도움이 좀 되지 않을까 하는 확신이 있었기에 나도 책을 한번 써 보겠노라 다짐을 했다. 근데 책을 쓰는 데 있어 콘텐츠는 정했지만 막상 쓰려고 하니 한 번도 써 본 적이 없어 어떻게 시작을 해야 할지 막막하기만 했다. 그래서 SNS 검색을 해 보면서 며칠 글도 찾아보고 유튜브 영상도 보고 하니 어떻게 시작을 해야 하는지 조금의 답은 찾았다.

그러면서 느낀 것이 지금껏 작가만 책을 쓰는 줄 알았는데 책을 쓰는 사람이 작가가 될 수 있다는 사실을 알게 되었다. 몇 번의 영상을 보면서 나도 할 수 있다는 용기를 얻었고 새 활력을 찾았다. 내가 블로그도 마찬가지였지만 책을 쓰려고 하는 이유도 삶의 활력을 찾기 위함일지도 모르겠다.

전국적으로 버스 없는 동네가 없듯이 버스는 우리에게 없어서는 안 될 절대적인 대중교통 수단이다. 그런데 버스 한 대를 굴리고 운영하는 데에는 적지 않은 비용이 들어간다. 그래서 버스에서 일어나는 인명, 물적 사고로 인해 일어나는 손실을 줄이고 차량에 맞는 경제적 운전 습관으로 도로에 쓸데없이 뿌려지는 연료뿐 아니라 좋은 운전 습관으로 차량 고장을 줄여서 작게는 버스 운전하는 버스 기사 본인에게 또 회사에도 득이 될뿐더러 나아가서는 한국 경제에도 조금이라도 도움이 되지 않을까 하는 바람에서 이 책을 써야겠다고 마음먹었다.

요즘 버스들이 전기차로 하나씩 바뀌는 추세이긴 하지만 전체적으로 다 바뀌기까지는 시간이 좀 걸릴 듯하다. 난 아직 전기버스를 운행해 본 적이 없어 그 느낌은 잘 모른다. 내가 주로 운행하는 버스는 경유, CNG 차량이다. 버스 운전은 몇 년 했지만 버스 원리에 대해서도 전혀 모른다. 하지만 100% 정답은 아닐 수 있지만 현업으로 몇 년 근무하면서 깊숙이 파고

들어 남들이 느끼지 못한 버스에 대한 느낌은 어느 누구보다 적지 않게 느꼈다고 본다. 그래서 누구에게도 자신 있게 말을 해 줄 수 있다고 생각한다. 버스 운전하지 않는 사람이 이 글을 읽는다면 공감을 전혀 못 할 수도 있다. 하지만 얼마 동안이라도 여러 대의 버스가 운행되는 노선에서 운행을 해 봤다면 많은 공감을 하리라 본다. 만일 이 책이 출간되어서 많은 이들에게 읽혀진다면 이 한 권의 책이 한국 사회에 끼치는 영향이 적지 않을 거라 확신하면서 나의 생각을 적어 본다.

목차

1. 버스 회사에 입사하려면

버스 운전을 하려면 1종 대형면허, 운전정밀적성검사, 버스 운전자격증 이 3가지를 취득해야 버스 운전을 할 수 있다. 한 가지라도 없다면 버스 운전은 할 수가 없다.

가) 대형면허

버스 운전을 하려면 1종 대형면허가 필요하다. 해마다 물가가 오르기 때문에 요즘 대형면허 취득 비용은 내가 2016년도에 취득할 때보다 몇십 만 원이 올랐다. 어느 자동차운전면허 시험장에 알아봤더니 대형면허 취득하려고 등록하면 기능 10시간 타고 학과 교육 3시간 듣고 1회 시험료, 보험료 포함하면 77만 원이란다. 그것도 한 번에 합격했을 때가 그 금액이다. 만일 불합격되어 재시험을 치게 된다면 1회당 55,000의 추가 시험 비용이 든다. 또한 버스 기능 10시간을 탔지만 부족하다 싶어 보충으로 더 타게 된다면 시간당 66,000원의 비용이 더 든다. 그러니 1종 대형면허 취득 시 몇 번 낙방을 한

버스 기사가 직접 쓴 안전 운행의 노하우

다면 100만 원이 훌쩍 넘어갈 수도 있으니 한 번에 딱 붙도록 집중하고 최선을 다할 필요가 있겠다.

나) 운전정밀적성검사

버스 운전자격증 시험에 응시하려면 운전정밀적성검사를 무조건 받아야 한다. 검사 비용은 25,000원이고 신규 검사를 받아야 하는데 부적합 판정 시 14일 후에 다시 받을 수 있다. 한국교통안전공단에서 실시하는 운전정밀적성검사에서 적합 판정을 받아야만 한다.

운전정밀적성검사란 교통사고 경향성에 대해 개인의 성격 및 심리, 생리적 행동 특징을 보다 과학적으로 측정하는 검사이다. 점수는 없고 적합, 부적합으로 판단하는데 반드시 적합이어야 버스 운전자격증 취득 시험에 도전할 수가 있다. 참고할 것이 있다면 검사할 때 위에서 풀었던 문제가 비슷하게 뒤에서 또 나오기도 하는데 일관성 대답을 하는지 안 하는지 알아낸다는 것이다. 일관성 대답이 아니라면 부적합이 나올 수도 있다. 검사 전 어떻게 검사하는지 자세히 알려 줄 때 집중해서 들을 필요가 있다. 검사 항목은 속도예측, 정지거리예측, 주의전환, 반응조절, 변화탐지, 인지능력, 지각성향, 인성(정서안정, 행동안정, 현실판단, 정신민첩, 생활안정)인데 적합 판정시 버스 운전자격증 시험에 응시할 자격이 주어진다.

다) 버스 운송자격증

교통안전 공단에서 버스 운전자격증을 취득하기 위해 응시할 수 있는 자격 조건은 다음과 같다.

- 제1종 대형면허 또는 1종 보통 운전면허 소지자
- 만 20세 이상
- 운전 경력 1년 이상(취소 및 정지기간은 제외)
- 운전정밀적성검사에서 신규 검사 시 적합한 자
- 여객자동차운수사업법 제24조제3항의 결격 사유가 없는 자

문제는 80문항으로 48문항 이상을 맞혀 60점 이상이 되어야 합격이다. 공부 안 하고 시험에 응시한다는 것은 시간과 비용 낭비다. 시험 응시료는 11,500원이다. 좋은 머리 믿고 만만히 볼 게 아니고 반드시 공부해야 한 방에 합격할 가능성이 높다. 요즘은 어떤지 모르겠지만 2016년도 내가 시험 볼 때 합격자가 100명 중 10명 정도밖에 안 됐었다. 그러니 뭐든 하고자 하는 일의 목표가 있다면 짧은 시간에 집중해서 하는 것이 시간과 비용을 절약하는 방법이라 하겠다.

이 3가지를 다 취득하더라도 대형면허가 따끈따끈하기 때문에 KD운송그룹이나 서울 시내버스에는 입사가 안 될 가능성

이 매우 높다. 그렇다면 버스 운전을 못 하는데 어떻게 할 것인가?

방법은 마을버스 회사에서 받아 주는 곳이 있다면 몇 달이라도 경력 쌓아 시내버스 회사로 이직하는 방법이 있다. 또한 화성이나 상주 교통안전체험교육센터로 전화해서 운전 연수가 가능한지 알아보는 방법이 있다.

· 화성교통안전체험교육센터 031-8053-9800
· 상주교통안전체험교육센터 054-530-0100

여기서 버스 운전 연수도 해 주니 예약하고 기다리면 되는데 요즘은 예약하고도 많이 기다리는 추세인 거 같으니 자신한테 맞는 방향으로 선택하는 것이 좋겠다.

화성 교통안전체험교육센터에서는 고용노동부 지원이 가능하므로 무상으로 교육을 이수할 수도 있다. 홈페이지로 들어가서 공지사항을 확인하면 2024년 고용노동부 버스 운송종사자 교육생 모집이 뜬다. 자세한 사항을 알아보고 진행하면 된다.

그러나 상주 교통안전체험교육센터에서는 화성과 다르게 자비로 10일의 교육을 받을 수 있다. 평일 5일 2주의 교육이다. 비용은 864,000원인데 숙박과 식비까지 포함한다면 총 120

만 원 정도의 비용이 들어간다.

　만일 대형면허 취득한 지 1년 이상이라면 KD운송그룹의 여러 법인들 중에 선택해서 입사하면 자체에서 연수시켜 주기 때문에 서류 접수해도 무방할 것이다.

　KD운송그룹이란 10여 개 이상의 법인을 가진 전 세계에서 규모가 3번째 정도 된다는 버스 운송 회사이다. 현재 KD운송그룹에서 운행되는 버스만 약 5000대 정도가 되는 걸로 알고 있다.

버스 기사가 직접 쓴 안전 운행의 노하우

2. 버스 기사의 직무

가) 버스 운전기사의 역할

버스 운전기사의 역할은 버스를 이용하려는 버스 승객을 정류장에서 잘 태우고 안전하고 편안하고 친절하게 목적지 정류장까지 사고 없이 안전하게 하차시키는 것이 버스 운전기사의 할 일이다.

나) 신입 버스 운전기사의 자세

버스 운전은 운전 기술이 있어야 하므로 경력을 매우 중요시한다. 승용차와는 달리 버스 운전의 기술을 요하므로 그만큼의 노력과 온갖 갖은 경험과 노하우가 있어야 안전운전을 할 가능성이 높다. 그렇다고 경험이 없다고 사고가 더 나고 경험이 많다고 사고가 안 나는 것은 절대 아니다. 경험이 쌓이면 버스 운전을 하면서 어떻게 하면 사고를 줄이고 예방하는 것을 더 알게 될 것이다. 그러므로 선배들로부터 배워야 할 것이 적지 않기에 신입 버스 기사라면 배우려고 하는 의지와 자세가 매우 중요하다. 사회생활인 만큼 한 가지라도 더 배우면서 더 편하고 재밌게 직장 생활하기 위해선 인사도 잘하고 싹싹하게 말을 건넬 필요도 있다. 성격상 안 되는 사람이라면 좀 힘든 부분일 수도 있겠지만 본인 하기에 달려 있다. 개구리가 올챙이 시절을 기억 못 한다지만 난 올챙이 시절에 궁금한 게 있으면 물어보고 궁금한 걸 만들어서라도 물어보면서 선배님들과 소통을 많이 한 거 같다. 선배들이라고 다 잘하는 건 아니다. 신입보다도 못한 선배들도 있긴 하다. 신입보다 못한 선배들한테는 배울 것이 아니라 그들을 거울삼아 난 저렇게 하지 말아야지 하는 생각을 하고 배운다면 나의 발전이 있을 것이다. 아무튼 한 가지라도 배우려면 더 소통을 해야 한다. 배워서 남 주는 건 아닌 것 같다.

2016년 내가 처음 마을버스 시작할 때는 후배들이 선배들 앞에서 담배도 못 피우던 시절이 있었다. 휴게실 청소도 후배들이 다 했었는데 어느 날 선배들이 후배들보고 휴게실 청소를 하라는데 그 휴게실을 청소해 본 적이 없으니 어찌할 줄을 몰라 했다. 선배들이 가르쳐 준 적도 없었고 하는 걸 보여 준 적도 없었다. 난 후배들만 시키는 것은 아니라고 생각했기에 내가 휴게실 청소하면서 이렇게 하는 거라며 보여 주었다. 다른 버스 기사 왈 신입들이 있는데 왜 하냐고 한다. 선배가 제

　　　　　　　버스 기사가 직접 쓴 안전 운행의 노하우

대로 하는 걸 보여 줘야 후배들이 할 거 아니냐며 내가 청소를 하고 있으니 그럼 본인이 하겠다며 마대 걸레를 뺏는다. 그 뒤로 선배들이 후배들한테 심하게는 하지 않았던 것 같다. 지금은 과거에 비해 신입들의 대한 선배들의 태도가 많이 완화되기는 했다. 하지만 선후배 간 정이 덜한 것은 현실인 듯하다. 어떠한 이유로든 이직률이 높은 버스 회사에서만 느낄 수 있는 감정인 것 같기도 하다. 정들자 이별을 하는 경우가 많기에 더 그러한지도 모르겠다. 어쨌거나 신입으로서의 자세는 선배들의 경험한 노하우를 배우려고 하는 자세가 그 무엇보다 중요하다고 본다.

다) 승객을 내 편으로 만들어라

버스 운전하면서 제일 힘든 부분이기도 한데 기분 좋게 재밌고 스트레스 덜 받으면서 근무하려면 승객을 내 편으로 만들어야 가능한 일이 아닐까 싶다. 승객들로 인한 스트레스가 적지 않다고 생각한다.

그렇다면 승객들을 어떻게 내 편으로 만들 것인가!

예전이나 지금이나 승객들은 본인들 잘못은 모르고 버스 기사들이 조금만 맘에 들지 않거나 기분 나쁘게 했다는 이유로 민원을 넣는 사례가 적지 않다. 그렇기 때문에 좋으나 싫으나 서비스직이다 보니 가능한 맞춰 주는 것이 맞다고는 보나 경우가 없는 승객도 있기 때문에 그 승객에게 쓴소리라도 하려면 여러 승객들을 내 편으로 만드는 노력이 필요하다고 본다.

 그러려면 쉽지는 않지만 먼저 버스 기사는 손님에게 선한 모습을 보여 줘야 한다. 친절을 베풀어야 한다. 손님하고 눈도 잘 마주치고 짜증스럽지 않는 말투로 말을 해야 한다. 손님 입장에서 생각을 해 줘야 한다. 정류장에서 출발하려는데 뛰어오는 손님이 있다면 지나치지 말고 다 태워 줘야 한다. 거동이 불편한 노약자가 승차한다면 어디까지 가냐고 물으며 조수석 맨 앞자리 태우고 앞문으로 하차하게 한다든지 차를 스무스하게 운전해 줄 때 혹여나 일어날 간단한 사건? 같은 상황에서도 민원 발생이 적다. 또한 말을 적게 하되 필요한 말만 해서 승객들이 기사의 말을 더 신뢰할 수 있도록 해야 한다. 또한 차내를 깨끗하고 쾌적한 상태를 유지하는 것도 중요하다. 차내가 지저분하면 쓰레기 하나라도 더 버리고 승차했을 때 차내가 깨끗하다면 승객들은 더 기분 좋게 승차하는 거 같다. 운전기사는 경우가 없는 승객 빼고는 다른 승객들이 바라고 원하는 대로 해 주었을 때 내 편이 되어 줄 수 있다고 생각한다.

버스 기사가 직접 쓴 안전 운행의 노하우

누구 하나 잘못하면 사고가 날 수도 있고 전철을 놓칠 수도 출근 시간에 늦을 수도 있기 때문에 버스 안에 승객들은 안전 운전할 수 있도록 협조하는 것이 맞다고 본다. 어떤 승객의 잘못이 있을 경우 다른 승객들을 내 편으로 만들었을 때 그 승객한테 쓴소리라도 한마디 하는 경우 다른 승객들이 버스 기사의 편이 되어 줄 것이다.

그런데 기본이 안 되고 경우가 없는 승객들에게 아무 말 하지 않고 넘어간다면 민원은 발생하지 않을 것이다. 요금을 내지 않거나 적게 내거나 떠들거나 손잡이를 잡지 않거나 해도 그런 승객들한테 아무 말 하지 않고 넘어간대도 말이다. 하지만 경우에 없는 것을 말하지 않고 그냥 넘어간다면 같은 일이 계속 반복될 것이기 때문에 민원이 속출한다 할지라도 누군가는 한동안 인식을 달리할 수 있도록 승객들한테 얘기를 할 필요가 있다. 몇 번 그러고 나면 시민의식이 좀 바뀌지 않을까 하는 생각을 많이 해 본다. 그래서 나는 시민의식이 조금이라도 바뀌기를 기대하면서 승객들한테 얘기했다가 민원을 많이 받은 버스 기사 중 한 사람이 되기도 했다. 이런 승객도 있었다. 통닭 사가지고 냄새 풍기면서 타더니만 버스 안에서 먹는 승객도 봤다. 버스 안은 온통 통닭 냄새로 진동을 하니 운전석까지도 냄새가 나서 운전하는 데 집중이 안 되던데 바로 옆에 앉은 승객은 말도 못 하고 침만 꼴깍 삼키며 인상 찌푸리며 타고 있었을 것이다. 날씨가 추워 창문은 열어 놓을 수도 없는 상태였다. 믿기지는 않겠지만 별의별 승객이 다 있다. 대중교통이라면 여러 사람이 이용하는 공간이라 가능한 타인에게 폐 끼치는 행동을 하지 말아야 하는데도 말이다.

　요금 관련해서 얘기하자면 이렇다. 승객이 요금을 내든 안 내든 신경 쓰지 않고 버스 기사는 회사에서 주는 월급만 받으면 장땡이라고 생각하는 버스 승무원이 있을지도 모르겠다.
　이런 승객들한테는 한 번쯤 꼭 얘기할 필요가 있다. 요금 안 내려고 카드를 대는 척만 하는 사람, 기사가 모르는 줄 알고 다른 승객들 틈에 묻어가려는 사람, 말 시키며 승차하면서 정신을 팔게 해 놓고 카드 안 찍는 사람, 장거리 갈 거면서 승차하자마자 하차 카드 찍는 사람, 카드 찍으라고 몇 번을 얘기해도 안 찍는 사람, 현금 400원 내면서 요금이 비싸다고 하는 사람, 요금 안 내려고 만 원짜리밖에 없다는 사람, 지금도 학생 요금을 현금 천 원으로 내는 사람, 어른이 어린이 혹은 청소년 요금 내는 사람, 한두 정거장에서 가다 내릴 승객 안 되는 카드로 계속 대고 있다가 목적지 정류장 다와 갈 때쯤 카드가 안 되니 내려야겠다는 승객, 대놓고 무임승차하겠다는 승객 등 별의별 승객이 다 있다. 승객들이 제대로 내지 않은

　　　　　　　버스 기사가 직접 쓴 안전 운행의 노하우

버스 요금을 1년 동안 계산했을 때 얼마가 되는지 정확히 알 수는 없지만 큰 금액일 것이다.

　승객은 정상 요금을 내는 것이 당연하거늘 기사들이 눈여겨보지 않아서 잘 모를 수도 있지만 신경 써 보면 정상 요금 안 내는 승객이 생각보다 많다. 요즘 경영난을 겪고 있는 회사들도 많이 있으리라 본다. 요금 관련해서 승객들과 언쟁이 있거나 회사로 민원이 들어왔다면 회사 사랑이 남다른 승무원이 아닐까 싶다. 나는 요금 제대로 안 내려고 내게 들킨 승객에게 한마디씩 하기를 2년쯤 했더니 아직도 요즘 관련해서 머리 쓰는 사람이 간혹 있긴 하지만 예전보다 많이 좋아져서 승차 승객이 많을 때 간혹 뒷문으로 승차시켜도 카드는 잘 찍고 타는 분위기다. 요금 제대로 안 내고 몇 푼 아끼려다 쪽팔리는 것보다 정상 요금 내고 떳떳하게 타는 것이 낫다고 생각하는 승객들이 대부분인 것 같다. 요금 관련해서 승객에게 얘기했다가 불친절하다고 민원을 받은 경우도 몇 번 있었다. 일부 버스 기사들이 요금 문제로 언쟁이 있었기에 시민의식이 바뀌어 가고 있다고 생각한다. 승객과 언쟁이 있을수록 다른 승객들을 내 편으로 만들어야 하는데 그럴 때일수록 어느 누구보다 차는 더 스무스하게 운전을 해야 한다. 그래야만 승객들은 내 편이 되어 줄 수 있다고 본다.

라) 통화나 대화(잡담)를 계속하는 손님에게 이렇게 하라

많은 버스 승무원들이 스트레스 받고 운전에 집중을 못 하는 이유 중 하나가 손님들이 계속 하는 통화나 대화 때문이 아닐까 싶다.

난 차내에서 승객들이 통화나 대화하는 것이 운전에 많은 방해가 돼서 집중을 못 하는 나머지 너무 싫어서 A4 용지에 "여러분의 통화나 대화는 운전에 많은 방해가 되오니 급한 거 아니시면 용건만 간단히 해 주세요."라고 써서 코팅해서 차내에 2개나 붙이고 다닌다. 누구에게나 급한 일은 있을 수 있으므로 통화나 대화를 하지 말라는 것은 아니다. 타인을 생각해서 용건만 간단히 하라는 얘기다. 써 붙여 놨음에도 봤는지 못 봤는지 버스 안에서 큰 소리로 30분 혹은 한 시간씩 통화하는 사람도 있다. 운전석 쪽에 써 붙여 놓은 거 보고도 맨 앞에 앉아서 시끄럽게 통화하는 승객도 있다. 자기 영업장 마냥 계속해서 통화를 한다. 10분, 20분 기다려도 끊을 생각을 하지 않는다. 참다못해 너무 스트레스받고 운전 집중이 안 돼 오래 통화하는 승객에게 "급한 거 아니시면 통화나 대화는 용건만 간단히 해 주세요."라고 한다. 어느 날은 운전석 바로 뒷좌석에서 계속해서 떠들길래 한 번 얘기하고 두 번 얘기했는데도 계속했다. 그래서 3번째 얘기할 때는 좀 짜증스럽게 얘기했더니 배차실로 민원이 들어왔다고 한다. 그다음부터는

버스 기사가 직접 쓴 안전 운행의 노하우

다른 방법을 썼다.

　승객들 지루함을 달래 주려고 USB에 담아 틀어 주던 음악
도 라디오도 켜지 않았다. 버스 기사가 통화하면서 승객한테
통화하지 말라고 하면 말이 안 되니 원래 운전하면서 통화도
잘 안 했지만 차내를 좀 더 조용히 만들려고 노력했다. 때에
따라서 여기저기서 너무 시끄럽게 떠들 때는 추운 겨울에 히
터를 꺼서 차내를 더 조용히 만들기도 했다. 또한 운전을 더
스무스하게 해서 얘기 소리가 더 크게 들려 떠드는 본인의 목
소리가 부각되어 주위 시선에 신경 쓰도록 만들었다. 하지만
시끄럽게 통화하고 얘기하는 사람은 주위 시선을 아랑곳하지
않는 경향이 상당하다. 주위 시선을 생각했다면 차내에서는
아예 통화를 시작도 안 했을 것이다. 조용한 와중에서도 통화
나 대화를 계속하는 승객들 얘기를 들어보고 급하지 않은데도
계속한다면 정류장에 섰을 때나 신호 대기 중에 떠드는 승객
한테 가서 90°로 고개 숙여 "손님, 죄송합니다. 운전에 방해
가 돼서 그러는데 급한 거 아니시면 용건만 간단히 해 주심 감
사하겠습니다."라고 했더니 말 끝나기도 전에 "죄송합니다."
하면서 전화를 바로 끊었다. 승객이 많이 탔을 때 그런 일이
있었으니 다른 승객들이 그 광경을 보고 버스 안에서는 조용
히 해야겠구나 하는 생각을 했을 거라고 믿는다.

그 이후로도 계속 떠드는 승객들한테 "손님, 죄송한데 급한 거 아니시면 용건만 간단히 해 주세요."라고 얘기 했음에도 계속 떠드는 승객이 있다면 승객 앞에 가서 90°로 고개 숙여 얘기하기를 5번이나 그런 일이 있고 나서는 승객들의 의식이 좀 달라지고 있어서일까! 요즘 내가 운전하는 버스 안에는 떠드는 승객이 많이 줄긴 줄었다. 최근엔 승객들이 누군가가 한 참 동안 잡담하는 것을 보면 나보다 더 싫어하는 표현을 하기도 한다. 잡담하는 승객에게 다른 승객이 조용히 하라고 했다가는 싸움이 날 수도 있으니 승객들도 싫지만 참고 있는 듯했다. 그걸 알고 운전하다 너무 신경 쓰여 집중이 안 될 경우 떠드는 승객한테 "손님!!" 하고 세게 부르면 뒤 이야기는 승객들이 대신 해 주는 경우도 있다. "저기 써 붙여 놓은 것도 안 보여요?!!" "기사님이 조용히 하라고 하잖아요!"라며 떠드는 승객들한테 조용히 하라고 소리 지르는 일도 여러 번 있었다. 그러고 나면 차내가 숨소리 하나 들리지 않을 정도로 조용해진다. 차내가 조용한 걸 나도 나지만 많은 승객들도 원하고 있는 부분일 것이다. 많은 승객들은 다른 승객의 잡담 소리가 아무렇지도 않을까 생각을 했었는데 그게 아니었다. 승객들 역시도 누군가 시끄럽게 통화하거나 잡담하는 것을 좋아하지는 않고 있었다.

어쩌다 지하철을 타면 계속 얘기하고 떠드는 승객들을 보

버스 기사가 직접 쓴 안전 운행의 노하우

면 난 참 싫었다. 타자마자 시작해서 한참을 가는 동안 계속 하는 걸 보면서 대중교통 이용하면서 정말 조용히 하는 게 맞구나 하고 생각한 적이 있다. 타고만 있던 지하철에서도 싫었는데 버스는 직접 운전을 하니 집중이 안 돼 더 싫은 거 같다. 만일 버스 운전하면서 통화를 자주 하는 사람은 승객들의 통화가 그렇게 신경 쓰이지 않을 수도 있다. 나도 몇 년 전엔 블루투스를 끼고 다니면서 급한 전화나 졸리거나 할 경우에는 통화를 가끔 했었다. 나도 운전하면서 통화하던 그때는 승객들의 통화나 대화 소리가 그렇게 거슬리지가 않았던 것 같다. 그런데 내가 통화를 하지 않으니 그다지 크지 않은 잡담 소리에도 민감하게 반응하고 있는지도 모르겠다. 많은 버스 기사들이 집중을 못 해서 사고가 나거나 신호위반이나 과속(매일같이 다니는 도로 신호체계 다 알 터인데 잡담하는 승객들 쳐다보다 전방주시 못 해서)을 하는 경우가 승객들의 잡담이 한 몫하고 있는지도 모르겠다.

나의 경우 손잡이 안 잡고 여러 명이 떠드는 거 쳐다보다 앞을 제대로 보지 않고 운행하고 있는데 교차로 통과하려면 긴 거리인 데다가 승객은 많고 약간의 탄력이 있었던 터라 황색등에 넘어가다 어린이보호구역, 노인보호구역에서 신호위반 과태료 처분을 받은 적이 있다. 과태료는 더블이다. 또한 술 취한 승객 3명이 타서는 차내가 떠나갈 정도로 떠들어서 그거

쳐다보다 30km 과속 단속 카메라가 있다는 걸 잊고 달리다가 단속 카메라를 보는 순간 계기판을 보니 40km로 달리고 있었다. 다행히 과속 과태료는 나오지 않았지만 떠드는 승객들한테 휘말리지 말고 집중을 더 해야겠다고 생각했다.

차내가 떠나가듯 떠드는 술 취한 승객들, 여러 명의 일행, 인상 험한 승객들한테 여자인 내가 운전에 방해가 되니 조용히 해 달라고 한마디 하기에는 사실 너무 무섭고 간이 벌렁거린다. 한번은 이러다 한 방 얻어맞을 수도 있겠다는 생각을 한 적도 있었다. 그때는 cctv를 살짝 믿고 있었다. 최고 무서웠던 경우는 운전석 바로 뒤에서 술 취한 50대 남자가 등치도 있고 인상도 그리 좋지 않은데 20분 정도 차내가 떠들썩하게 계속 통화를 하는데 승객들도 계속 그 승객한테 주시를 하는 거 같았다. 나도 참기가 힘들어 "죄송한데 통화는 용건만 간단히 해 주세요."라고 했더니 처음에는 미안하다면서 알았다고 했다. 그리고도 계속해서 이사람 저 사람한테 큰 소리로 전화를 하길래 두 번이나 또 얘기했다. 그랬더니 집구석 가서 밥이나 하지 그런다면서 몇 번의 쌍욕을 했다. 정말 무서웠다. 그럴수록 운전은 더 스무스하게 해야 된다는 것이 나의 철칙이다. 그 이후 아주 스무스하게 하면서 30~40km로 운전했다. 당신이 그렇게 시끄럽게 떠들면 집중이 안 되서 속력

버스 기사가 직접 쓴 안전 운행의 노하우

을 낼 수 없다는 것을 느끼게 해 주고 싶었다.

　운행 시간은 차 없고 승객 없는 늦은 시간이었다. 30분을 더 가서 내렸는데 내릴 때는 약간의 무언가 생각을 하면서 내리는 것 같았다. 그리고 얼마 후 또 이상한 승객이 승차했다. 운전석 입구에 서서 빈자리가 있음에도 앉지 않고 승객들 승차하는데 불편하게 카드 단말기까지 가리면서 서 있었다. 다른 승객들 승차하는 데 불편하니 자리에 앉아 달라고 하니 나보고 운전이나 똑바로 하라나 잘 왔는데 왜 그러냐며 난리를 친다. 운행 중 버스를 한쪽으로 세우고 도저히 운행할 수가 없다고 했더니 다른 승객이 자리에 앉아야 모두가 빨리 갈 수 있지 않겠냐며 한마디 했다. 그 이후 앉아서 한동안 통화를 하더니만 그다음엔 조용히 가만히 앉아 있긴 했다. 그때 역시 빗길에 아주 스무스하게 운전을 했다. 한 시간을 넘게 타고 목적지까지 와서 내릴 때는 운적석으로 다가오더니만 "수고하세요."라고 하며 내렸다. 무섭더라도 이렇게 누군가는 해야만 된다고 하는 사람 중에 한 사람이다. 사람은 두개골을 가지고 태어났을진대 혹시 외골수!

　코로나 시절엔 모두가 마스크를 착용하고 있었고 버스 안내 방송에는 통화나 대화는 가급적 자제해 달라는 방송이 되면서 차내에서 잡담하는 경우가 그리 많지 않았고 용건만 간단히 하라는 말에 많이 수긍을 하는 분위기였다. 그러나 코로나 이후 그 안내방송이 삭제되면서 차내는 부쩍 시끄러워져서 시민 의식을 바꾸려면 대중교통에서의 통화나 대화는 가급적 하지 말라는 안내 방송이 다시 시작되어야만 한다. 그러면 수많은 시민들이 대중교통을 이용하면서 큰 소리로 잡담하는 승객들 때문에 인상 쓰는 일이 줄어들 것이라고 본다.

예전에 버스 안에 음식물 반입이 허용되던 시절이 있었다. 마을버스 운전하던 시절이었는데 한 탕 돌고 나면 차내 쓰레기가 엄청 났었다. 줍기도 힘들어 나중에는 하차 뒷문 옆에 쓰레기통을 두었더니 내리면서 쓰레기란 쓰레기는 죄다 버리고 내리는 바람에 한 탕 운행 후 확인하면 쓰레기통이 넘쳐 났었다.

어느 날 TV에서 대중교통 승차 시 음식물 반입 금지라며 하루 이틀 방송 나오고부터 차내에서 나오는 쓰레기는 거의가 줄었다고 해도 틀린 말이 아니다. 한 번의 TV방송이 이렇게 시민의식을 확 바꾸어 버릴 수가 있다니 TV란 대단한 존재임이 분명하다. 대중교통에서의 통화나 대화가 줄어들 수 있도록 TV방송은 아닐지라도 대중교통 내에서의 안내 방송은 다시 시작되어야만 한다.

운행 중 사고 없이 안전하게 출발해서 목적지까지 도착 후 하차하려면 버스가 배(누구하나 자칫 잘못하면 모두가 죽을 수도 있다)라고 치면 승객들은 선장의 말을 잘 듣고 따라 주어야 한다고 생각한다. 나는 승객들이 내 말을 잘 듣게 하기 위해서 더 안전하고 편안하고 스무스하고 친절하게 운전을 하려고 부단히도 노력하고 있는 사람 중에 한 사람이라 생각한다. 그게 바탕이 되지 않으면 신뢰를 얻을 수 없기 때문에 더 그렇게 하려고 노력한다. 그 노력의 결과인지 요즘은 승객들이 내 편이 되어서 떠드는 승객이 있으면 오히려 다른 승객들이 뭐라고 대신 해 주기도 한다. 여러 말 하지 않아도 한마디에도 효과가 크다. 그래서인지 전에는 조용히 하랬다며 불친절하다는 민원이 많이 들어오기도 했었는데 요즘엔 좀 잠잠한 것 같다.

3. 운행 전 차량 점검은 왜 해야 하며 언제 하는 것이 좋은가

　새벽부터 출근해서 어떤 차를 운행하는지 배차는 이미 나와 있겠지만 혹시 바뀌어 있을지도 모르니 출근하자마자 배차표를 다시 확인하고 바로 해야 할 일은 차량 상태를 확인하는 것이다. 제일 먼저 시동을 걸어 보는 것이 우선이다. 방전이 되어 있을 수도 있고 시동이 정상으로 걸리는지 확인을 해야 다른 사람한테도 피해 주지 않고 정상적으로 운행할 수 있기 때문이다.

　혹시 시동이 걸리지 않는다면 바로 정비과로 연락한다. 또는 직접 점프를 한다. 정상 작동되는 데까지는 시간이 걸릴 수도 있으니 제일 먼저 해야 할 일은 시동을 걸어 보는 일이다. 또한 전날 근무자가 미처 확인 못 하고 퇴근했을 수도 있으니 차 내부를 제대로 확인하는 것이 좋다. 승객이 두고 내린 분실물이 있을 수 있고 전날 진상 손님이 "우웩!" 해 놨는데 치우지도 않고 퇴근한 동료가 있을 수도 있으니 다시 한번

　　　　　　　　버스 기사가 직접 쓴 안전 운행의 노하우

확인할 필요가 있다. 간혹 기본이 안 된 동료도 있다는 사실을 잊지 말아야 한다. 몇 년 근무하는 동안 출근해서 차내 확인 중에 핸드폰을 주워서 배차실에 몇 개나 갖다 준 일이 있다. 전날 근무자가 확인을 하지 않아 의자에도 핸드폰이 있었고 확인을 하고 퇴근했지만 의자 옆 공간으로 떨어진 핸드폰은 미처 확인을 못한 경우도 있었다.

그다음으로 출근해서 꼭 확인해야 할 것이 있다. 전날 근무자가 운행하다 외부에 스크래치를 내어놓을 수도 있다. 심지어 심하게 박아 놓고도 본인이 박았다는 얘기를 안 해 주는 동료도 있기 때문에 운행 전 꼭 확인을 해야 덤터기 쓸 일이 없다. 이미 운행 시작한 후에는 전날 근무자가 박았는지 내가 박았는지 정확히 알 수가 없기 때문에 반드시 운행 전에 확인을 해야 한다. 심지어 세게 박아서 아작이 났는데도 본인이 박았는지 전혀 몰랐다는 사람도 있다. 그래서 차량 상태는 출근해서 반드시 차고지서 바퀴 굴리기 전에 확인을 해야 불이익당하는 일이 없을 것이다.

또 부동액 양과 벨트 등이 끊어지려 하지는 않은지 잘 확인해야 한다. 차량 점검이 습관화되지 않은 사람은 버스 운전 수년간 하면서도 냉각수 한 번을 넣어 보지 않은 사람도 있을 것이다. 운행 중에 운행 불가로 다른 동료들이나 수많은 승객들까지도 가능한 피해가 없도록 하는 것이 버스 운전을 하는 승무원의 기본자세가 아닐까 싶다. 그래서 출근해서는 차량 점검하는 것을 습관화할 필요가 있다.

버스 기사가 직접 쓴 안전 운행의 노하우

4. 음주운전

술을 마시지 않는 사람은 음주운전 할 일이 없겠지만 술을 너무 좋아하는데 직업이 운전이라면 술을 마시면서도 신경이 안 쓰일 수가 없다. 나도 버스 운전을 하기 전엔 술을 참 즐겨 하던 사람 중에 1인이었다. 근데 지금은 거의 끊다시피 할 정도가 되었다. 격일제 근무하면서 마실 수 있는 시간이 정해져 있기에 더 그러할 수도 있다. 버스 운전 하면서 마시기에 좋은날은 근무 끝난 늦은 시간 밤 12시쯤 24시간 영업하는 곳을 찾아 비슷하게 끝나고 마음 맞는 동료들이 있거나 휴무일 낮에 마시는 것이 딱이다. 그러나 코로나 이전에는 가끔 모였었으나 코로나로 많이 모일 수 없게 되면서 모이지 않는 습관이 생기면서 혼술 하는 사람이 많이 늘지 않았을까 하는 생각도 해 본다. 혼술을 하지 않는 난 버스 운전을 하고부터는 술 마시는 날이 1년에 5~6번 정도로 줄은 것 같다.

술을 자주 마시든 많이 마시든 어쩌다 마시든 음주운전으로 인한 법이 강화되면서 버스 회사에서는 버스 기사가 음주운 전을 하게 되면 회사에 크나큰 타격이 있을 수 있으므로 음주 측정을 강하게 하지 않을 수가 없다. 어떻게 보면 형식적이라 도 할 수 있겠지만 준공영제를 실시하고 있는 서울시 모든 버 스 회사에서는 더 철저히 하는데 음주 측정을 하게 되면 바로 서울시로 전송이 되기 때문에 더 각별히 신경 써야 할 문제이 다. 술을 줄이는 것과 이미 음주하는 습관이 길들여져 있다면 고치기가 힘들기 때문에 자신과의 싸움에서 이기는 자만이 건 강한 생활을 이어 나갈 수 있지 않을까 싶다.

가) 건강한 음주법

- 빈속에 술을 마시지 않는다.
- 술은 안주와 함께 천천히 마신다.
- 여러 종류의 술을 섞어 마시지 않는다.
- 술을 강요하거나 강요당하지 않는다.
- 과음이나 폭음을 하지 않는다.
- 술을 마시면서 물이나 음료를 같이 마신다.
- 술을 마시면서 대화를 많이 한다.
- 한 잔을 여러 번 나누어 마신다.
- 해독 시간을 생각해서 본인에게 맞게 조절하며 마신다.

버스 기사가 직접 쓴 안전 운행의 노하우

나) 술을 줄이려면

· 집에 술을 두지 않는다.
· 일주일에 술 마시지 않는 날을 정해 둔다.
· 음주를 대신할 수 있는 취미 생활을 만든다.
· 술을 마시게 하는 사람, 장소, 상황을 피한다.
· 우울하거나 기분 상할 때 술로 스트레스를 풀지 않는다.
· 주변에 널리 알려 적극적인 도움을 청한다.
· 술을 줄이는 것은 매우 어려우므로 실패하더라도 재도 전한다.
· 술 마실 시간 없이 바쁘게 산다.
· 취미 생활을 가져 본다.

다) 나만의 음주 습관과 숙취 해소법

나는 가)의 내용으로 건강한 음주법과 같이 술을 마시는 편이고 음주 전 간 기능개선식품 영양제를 하나 챙겨 먹는다. 혹은 빠른 숙취 해소를 위해 음주 후에도 먹는다.

술 양을 조절하는 것은 매우 중요하므로 난 스스로 조절하는 편이다. 그리고 음주 후에는 디저트로 가능한 뜨거운 국물에 밥을 말아 먹는다. 또한 음주 후 다음 날 속이 좋지 않아도 또 따뜻한 국물에 밥을 말아 먹고는 화장실을 가려고 애쓴다. 몸속에 알코올을 빼기 위한 작업이다. 그래서 속이 좋지 않아도 다음 날 아침에는 뜨끈한 국물에 밥을 꼭 말아 먹는 편이다. 먹으면 어김없이 나오기 마련이다. 고놈이 갈 데가 어디 있겠는가! 숙취 해소에 많은 도움이 된다.

내가 예전에 그러니까 버스 운전하기 전에는 술이 좋아 많이 즐겨 했었는데 그럴 때마다 난 누가 뭐래도 나만의 방법으로 늘 그렇게 했었기에 음주 후 다음 날은 전날 아무 일도 없었던 것처럼 생활할 수 있었던 것 같다. 버스 운전하면서도 작정하고 마시는 날은 많이 마셨는데 담날 출근해서 보면 같이 마신 사람들 중 내가 제일 씽씽하고 멀쩡했다는 걸 많이 느꼈다.

최근 몇 년간 내 지인들 중 젊어서부터 술을 무지하게 좋아하기도 했지만 잘못된 음주 습관으로 간이 송두리째 망가져 50대도 안 돼 하늘나라로 간 사람, 간 이식한 사람, 간경화 말기, 요양원에 가 있는 사람들을 쭈욱 지켜보면서 모든 장기가 마찬가지지만 다 망가져야 아프다고 호소를 하는 간이야말로 건강할 때 지켜야 사는 동안 삶의 질을 높일 수 있지 않을까 하는 생각을 많이 하며 산다. 무엇보다 삶의 질을 높이기 위해서는 경제적인 부분을 무시할 수가 없다. 건강해야만 오래도록 해 온 버스 운전을 계속하며 삶의 질을 높일 수 있다고

버스 기사가 직접 쓴 안전 운행의 노하우

생각한다. 요즘 버스 기사가 부족한 현실에서 잘 배워 놓은 버스 운전이야말로 정년 없이 건강할 때까지 할 수 있는 직업이 아닐까 생각된다.

50대 중반부터 요양원 신세를 몇 년간 지고 있는 사람을 생각해 보라!

제 지인 중에 50대 중반부터 지금까지 6~7년을 요양원 신세를 지고 있는 사람이 있다. 아픈 사람도 아픈 사람이지만 그 가족들 생각하면 마음이 무지 아프다. 젊다고 나는 괜찮겠지 아픈 것은 남의 일이라고 생각할 수도 있는데 큰일 날 생각이다. 건강은 좀 더 건강할 때 지키는 것이 맞다고 본다.

5. 졸음운전

가) 졸음운전의 위험

졸음운전은 음주운전보다 더 위험할 수가 있다. 음주운전은 그나마 눈을 뜨고 몽롱한 상태에서 운전을 하는 거라지만 졸음운전은 그냥 눈감고 운전을 하는 것이기 때문에 음주운전보다 몇 배의 위험을 초래할 수가 있다. 버스 운전하면서 제일 참기 힘든 게 졸음운전인데 너무 졸려 어찌할 수 없을 때에는 운전하는 게 정말 싫어진다. 혼자 탄 것도 아니고 수많은 승객을 태우고 다니다 사고 한 방 제대로 치면 대박 사건이라는 것을 늘 염두에 두고 운전한다.

초보운전 때부터 졸음운전을 일삼던 나! 운전대만 잡으면 졸음이 쏟아졌다. 그런 내가 직업이 운전직이라니….

졸음운전이 정말 위험하다고 생각하게 된 계기는 30년 전 얘기다.

버스 기사가 직접 쓴 안전 운행의 노하우

결혼 전 울산에서 살았었는데 친정엄마 회갑을 맞아 강원도를 혼자 가는데 경부 고속도로를 타고 가다가 대구를 지나는데 서서히 졸음이 쏟아지기 시작했다. 그때도 난 커피를 잘 마시지 않는 편이라 졸린데도 그냥 살살 가 보자며 승용차 운전을 했다. 그러다 구미를 지나 약간 구불구불한 고속도로 공사 구간에서 제대로 깜빡 졸면서 핸들을 놓쳐 버렸다. 속력은 120km! 그 순간 눈을 딱 감고 있었는데 차는 왔다리 갔다리 "나 이제 죽었구나." 했는데 그때가 양력 3월 초였다. 눈이 거의 다 녹은 논바닥 10m 밑으로 승용차가 전복되었다. 승용차 네 바퀴는 하늘을 쳐다보고 뒤집힌 차에서 흙투성이가 된 채 겨우 빠져나올 수 있었다. 하늘이 노운 거다. 시멘트 바닥이나 물 위로 전복되었다면 젊은 나이에 세상 구경 제대로 하지도 못하고 갈 수 있었을지도 모른다. 나를 살린 건 안전벨트였다. 그 당시 운전했던 승용차는 의자와 천장의 길이가 높았다. 거꾸로 전복되었음에도 머리가 차내 천장을 닫지 않았으니까. 다친 곳은 하나 없었고 왼손 등 어디선가 살짝 긁힌 자국만 있었을 뿐이었다. 그 뒤로 졸음운전이 정말 무섭다는 걸 알게 되었다.

나) 졸음운전 퇴치 방법

졸음운전이 위험한 만큼 버스 운전하면서 졸리다면 다음과 같은 방법을 활용해 보는 것이 좋겠다.

- 에어컨이나 히터는 졸음을 유발시킬 수 있으므로 창문을 열어 바깥 공기를 자주 순환시킨다.
- 가벼운 손 운동이나 기지개를 편다.
- 생수나 찬 물수건을 배치하여 활용한다.
- 몸엔 좋지 않지만 커피나 박카스를 마셔 본다.
- 과자나 껌, 은단을 준비했다 활용한다.
- 건강보조 식품을 활용한다.
- 음악을 들으며 기분 전환을 한다.
- 차에 이상이 있는 거 같다며 손님한테 양해를 구한 후 차에서 내려 버스 한 바퀴를 돌며 기분 전환을 한다.
- 급하지 않아도 화장실을 다녀오면서 기분 전환을 한다.
- 졸음운전 최고의 퇴치법은 운전 중 통화는 금지지만 이어폰 끼고 간단히 요령껏 하는 것도 좋은 방법이라 할 수 있겠다.

다) 졸음운전 · 과로운전 예방법
- 휴무 날에는 충분한 휴식을 취한다.
- 수면은 최저 6~7시간을 취하도록 한다.
- 피로가 누적되지 않도록 하여야 한다.

버스 기사가 직접 쓴 안전 운행의 노하우

- 과음이나 폭식을 하지 않는다.
- 지나친 운동은 피하되 평소에도 되도록 몸을 움직이는 운동을 한다.
- 휴일 등에는 일이 아닌 취미 활동을 통해 스트레스를 푼다.
- 정기적인 건강 검진을 통해 질병 등의 조기 발견에 애쓴다.
- 감기약은 졸음을 유발하므로 가능한 복용하지 않도록 한다.
- 부득이하게 감기약 복용 후 운전해야 할 경우라면 의사나 약사와 상담 후 졸음 유발되지 않는 안전한 약으로 처방받아 복용한다.

라) 졸음운전 · 과로운전 사고처리

과로운전 중 사고는 통상 일반적인 부주의로 인해 발생한 사고이기 때문에 종합보험(또는 공제조합)에 가입되어 있는 경우 사고에 대한 형사처벌이 면제(공소권 없음)되고 일반적 과실사고로 처리되고 과로운전이 인정되면 운전자는 도로교통법 위반으로 30만 원 이하의 벌금으로 처벌된다. 단, 피해자가 중상해 피해를 입었을 경우 피해자와 합의되지 않으면 형사입건 되어 5년 이하의 금고 또는 2천만 원 이하의 벌금에 처해지나 피해자와 합의하면 사고에 대한 형사처벌은 면제된다. 아울러 과로운전 중 사고의 운전면허 행정 처분은 위한 행위 벌점은 없으나 피해 결과(부상 2점, 경상 5점, 중상 15

점, 사망 90점)의 벌점이 40점 이상 시 면허정지 처분된다. 그리고 민사적 보상은 사고 차량 운전자에서 중한 과실 적용되나 피해자에게도 과실이 있는 경우 과실 상계 적용 처리된다. 과로로 졸음운전을 하다 사고가 났더라고 대부분 과로운전이 아닌 졸음운전으로 처리되는 경우가 많다.

버스 기사가 직접 쓴 안전 운행의 노하우

6. 프로 운전자로서의 마음가짐

    다수의 승객을 안전하게 운송해야 하는 프로 버스 운전자의 경우라면 일반 자가용 운전자보다 다른 정신자세와 숙련된 전문성을 갖추어야 한다고 본다. 우선 자동차 운전에 앞서 승객의 안전을 최우선으로 하는 마음가짐과 올바른 운전 습관을 갖추어야 하겠으며 프로 운전자로서 부사고 의지로 정신 무장이 되어 있어야 할 것이다.

[버스 사고 방지를 위한 유의 사항]

- 운전 중 다른 행동이나 빨리 가려고 조급하게 서두르는 등 부주의하여 야기되는 실수의 사고가 없도록 해야 한다.
- 기본적 안전운전인 전방주시 철저, 안전거리 확보, 차로 변경 주의, 신호는 준수해야 한다.
- 사고의 실상을 이해하고 위험성들을 예측하여 사고의 휩싸이지 않는 방어 운전을 확실히 해야 한다.
- 법규 위반 특히 과속이나 신호위반으로 남에게 피해 주는

등의 무리한 운행은 자제해야 한다.

버스 사고의 대부분이 서두르는 등의 실수로 발생되고 있는 만큼 올바른 운전 습관을 길들여 서두르거나 운전 중 다른 행동 등으로 일어날 수 있는 실수사고 방지에 각별히 주의해야 한다. 그리고 사고 방지를 위해 전방주시 철저, 앞차와의 안전거리 확보, 차로 변경 시에 각별히 주의해야 하고 신호를 철저히 준수하는 가장 기본적인 안전운전에 충실해야 한다.

또한 사고가 어느 때 어디서 어떻게 나고 있는지 사고의 실상 특히 사고의 위험성이 어디에 있는 것인지에 대한 사전 대비 자세가 필요하며 (예측운전) 남의 실수에도 휩싸이지 않는 방어운전 자세까지 갖추도록 노력을 해야 할 것이다.

따라서 중대 법규 위반이나 지나친 과속 등 빨리가기 위해 남에게 해를 끼치는 등의 무리한 운전은 자제해야 하며 궁극적으로 버스를 안전하게 통제 조정하는 자세가 바람직한 것이다.

7. 배터리 소모 줄이는 방법과 점프하는 방법

 버스 배터리 소모를 줄이는 방법은 여러 가지가 있다. 기본은 운행하지 않을 때는 메인을 잘 꺼 놓은 것이다. 굳이 켜지 않아도 되는 실내등을 잘 끄는 것도 중요하지만 운행에 지장을 주지 않는 이 방법 하나만 좀 신경 쓰면 추운 겨울철 출근해서 방전되어 점프하는 일은 70~80% 이상으로 줄일 수 있을 것이다.

 배터리 소모 줄이는 방법은 운행 종료 후나 차고지서 운행한 탕 끝나고 20~30분 이상을 서 있게 될 때나 장시간 운행안 하고 있을 때 (특히 운행 종료 후 퇴근 시) 운전석 쪽 앞뒤개폐문 레버를 모두 달힘으로 놓고 앞문 쪽 위 승강구 문 개폐조절기를 수동으로 해 놓게 되면 배터리의 양이 어떤 상태인지는 몰라 정확히 어느 정도의 효과를 얻을 수 있을지는 모르지만 배터리 소모를 생각 이상으로 줄일 수 있을 것이다. 단,

앞문은 키로 잠그지 못한다. 그렇게 해 놓고 퇴근했음에도 몇 번의 방전이 있었다면 그 차량의 배터리 수명은 완전히 다 되었다고 보면 된다.

어쩌면 정비하는 분이나 오래 버스 운전하신 분들한테 배터리 소모 줄이는 방법이라며 이야기하면 이해가 안 가는 부분이라고 할 수 있겠지만 내 경험 끝에 알아낸 것이다.

내가 중형 할 때의 일이다. 내 고정 차량이 여러 번 방전이 됐었다. 주말 이틀 휴차일 때는 어김없이 방전이 되어 휴차 다음 날에는 평소보다 30~40분 일찍 출근해서 점프 시켜서 운행을 했어야 했다. 그러던 어느 날 나보다 몇 년 후배가 허구한 날 점프를 하니 마을버스 할 때 배웠다며 알려 준다. 앞문 승강구 문을 수동으로 해 놓고 운전석 쪽 개폐문 레버를 닫힘으로 해 놓고 퇴근하면 방전이 덜될 수도 있다는 것이다. 그 말을 듣고 그 후로 난 그렇게 해 놓고 퇴근했는데 몇 달 동안 점프하는 일은 거의 없었다. 그러나 그 몇 달 후 잠시 메인을 꺼 놓지 않아도 방전이 계속 되어서 결국 방전되기 시작해서 몇 달 더 운행하고서 배터리 교체를 했었다. 배터리를 알뜰하게도 써 먹은 것이다.

난 늘 그렇게 해 놓고 퇴근했었고 방전되어 애 먹는 동료들에게 그렇게 해 보라고 알려 주었는데 처음엔 내가 알려 준 대로 하지 않던 승무원들도 계속 방전이 되니까 결국엔 내가 알려 준 대로 하고 있었다.

유난히 추운 겨울철만 되면 새벽에 출근해서 보면 야간 당직은 한 명인데 이차저차 방전되었으니 점프해 달라는 전화가 빗발쳐서 정비사나 승무원이나 발을 동동 구르는 걸 몇 번이고 봤었다. 그러나 지지난해 겨울은 그 이유인지는 모르겠으나 아침에 출근하면 어쩌다 점프하는 일을 한두 번 봤을 뿐 거의 보질 못했다. 요즘 나처럼 해 놓고 퇴근하는 중형 버스 승무원들은 많이 늘어난 거 같다.

그러나 2023년 7월에 대형 전환하면서는 여름이라 방전되는 일이 거의 없었으나 11월이 되면서 가끔 방전되는 대형 버스 차량들이 보이기 시작했다.

대형 차량들은 퇴근하면서 대부분 앞문을 키로 잠그기 때문에 수동으로 돌려놓지 않고 퇴근하는 경우가 대다수이고 내가 하는 방식을 알지 못하는 경우도 대다수이다. 들어 본 적도 없을 것이다. 대형 운전하는 사람들 중에 어디선가 들어서일까! 승강구 앞문 개폐 조절기를 수동으로 돌려놓는 경우는 있는데 앞문 열림 레버는 닫힘으로 놓지 않아서 효과는 거두지 못하고 있는 것 같다. 3월인데도 대형차들 방전된 경우를 몇 번이나 봤다. 방전되는 경우는 여러 이유가 있겠지만 2년 정도 경험한 바로는 내가 하고 있는 방법이 배터리 소모 줄이는 데 아주 중요한 역할을 한다고 본다. 몇 사람들한테 얘기를 했는데 중형 팀은 모르겠으나 출근해서 대형차를 한 번씩 확인해 보면 거의 내 방법대로 하지 않고 있는 것 같았다.

앞문 잠금 키가 없는 차량은 앞문 승강구 개폐문을 수동으로 해 놓고 레버는 열림으로 해 놓고 퇴근하는 경우가 많고 잠금 키가 있는 경우는 대부분이 앞문이 키로 잠긴 상태이다 보니 레버는 당연히 열림으로 된 상태다. 배터리 소모 줄이는 방법은 앞문 잠금 키를 사용을 하지 않도록 키를 빼 두어야 가능하다. 퇴근할 때나 장시간 주차해 놓고 있을 상황이라면 앞뒷문 레버를 모두 닫힘으로 해 놓고 앞문은 수동으로 해 놓는다. 버스 배터리를 장기간 사용하려면(새 배터리 교체 후 1년 사용할 것을 2년도 가능?) 각 사람마다 위와 같은 작은 실천이 전국적으로 수많은 버스들의 유지 비용을 줄일 수 있을 것이라고 생각한다. 그렇게 된다면 배터리 회사가 많은 손실을 입게 될까?!

난 근무 중 20분 이상 주차해 놓는 경우에도 앞문 레버 닫

버스 기사가 직접 쓴 안전 운행의 노하우

힘, 앞문 승강구 문 개폐기를 수동으로 해 놓는다. 그런데 그때 주의할 점 1가지가 있다. 운전석 쪽 앞뒷문 개폐 레버가 모두 닫힘으로 놓인 상태고 앞문 승강기 문이 수동으로 놓인 상태라면 앞문 승강구 문을 자동으로 돌릴 때 앞문이 꽝 하고 닫힐 수도 있으니 먼저 앞문을 밀어 수동으로 닫아 놓고 자동으로 돌리거나 앞문 개폐 레버를 열림으로 놓고 앞문이 열림 상태에서 자동으로 돌려야 꽝 하고 닫히고 열릴 일이 없다.

많은 승무원들의 작은 습관으로 배터리 소모를 줄이는 데 조금이나마 도움이 되길 바라며 추운 겨울철 새벽부터 벌벌 떨면서 점프하는 일이 없으면서 회사의 경제적 손실이 줄어들길 바랄 뿐이다.

그렇다면 점프는 어떻게 하나?
내가 마을버스 할 때는 야간 정비사가 없어 승무원들이 직접 점프해서 운행했었는데 현재 내가 근무하는 회사에서도 간혹 직접 하는 버스 기사들도 있긴 하다.
간단히 설명한다면 방전된 차량 점프하려면 버스의 배터리 위치를 알아야 한다. 차종마다 다를 수가 있는데 운전석 뒤쪽 혹은 조수석 뒤 중앙에 있는 차량도 있으니 만약을 대비해 평소에 본인이 운행하는 차량의 배터리 위치를 알고 있으면 좋겠다. 배터리가 있는 뚜껑을 열면 왼쪽은 −, 오른쪽은 +인데 빨간색이 +이므로 빨강색 집게 점프 선을 기억해 두면 좋겠다. 점프 방법은 −에는 검은색 집게 점프 선을, +에는 빨강색 집게 점프 선을 연결하면 된다. 연결되었다면 바로 시동을 걸면 된다. 이렇게 점프된 차량은 2~3시간 동안 시동을 끄지 말아야 그날 또다시 방전될 확률이 적다. 그런데 초보 승무원들은 경험이 많지 않기 때문에 모르는 경우가 많아 알려 줄 필요가 있다. 배터리 수명이 다 된 차량일수록 방전될 확률이 높기 때문에 그런 차량일수록 좀 더 신경을 써야 할 것이다.

버스 기사가 직접 쓴 안전 운행의 노하우

8. 경제적 운전

가) 연료 소모는 어떻게 줄일까?

전국적으로 하루에 수만 대의 버스가 운행될 텐데 기름 한 방울 나지 않는 우리나라에서 길 바닥에 쓸데없이 뿌려지는 연료를 조금이라도 줄일 수만 있다면 그거야 말로 내가 몸담고 있는 회사를 살리고 내 가정 경제를 살리고 결국 나아가서는 나라 경제를 살리는 길이 아닐까 싶다. 회사에 남는 것이 많을수록 승무원들의 급여 봉투가 더 두툼해질 수도 있을 테니 말이다. 그렇다면 연료 소모를 어떻게 줄일 것인가! 9년째 현업으로 버스 운전을 하면서 실제로 경험한 걸 토대로 이야기해 보고 싶다.

연료 소모를 줄이는 운전은 천천히 다니라는 얘기는 아니고 차를 험하게 다루는 것보다는 차를 살살 얌전히 다루는 것이 연료 소모가 적다라는 것을 알았다. 기어 변속할 때도 그렇고 특히나 급제동, 급출발, 급정지, 급가속, 급감속 등 급자운전을 가능한 하지 말아야 하며 클러치, 브레이크, 액셀 페달을 밟을 때에는 지그시 밟고 지그시 때야 연료 소모가 적다라는 것을 수년간 이렇게도 해 보고 저렇게도 해 보고 해서 찾아낸 것이다.

이는 노선이 짧고 손님이 많지 않은 중형 버스를 운행했을 때 알아낸 사실이다. 그때 난 고정차를 운행했다. 하루 운행 횟수가 왕복 2시간에 5탕이었는데 2탕 돌고 주유를 했다. 난 고정차라 여러 승무원들과 인수인계를 했기 때문에 운행 후 연료량을 비교해 보면 누가 운행했을 때 연료 소모가 많은지 적은지를 알 수 있었다. 누구든 평소에 좀 서둘러서 빨리 다니며 운행할 때와 차를 험하게 다뤘다 싶으면 예상대로 주유 계기판 바늘은 그렇지 않은 사람의 비해 아래로 떨어져 있는 것을 알 수 있었다. 중형차는 대형차와는 달리 안전감이 떨어진다. 그러다 보니 차를 험하게 다루면 소리로 더 시끄럽고 통통 뛰는 느낌도 난다. 험하게 다룬다는 얘기는 운전 조작을 여유롭게 하지 않고 급하게 기어 변속도 하고 크러치, 브레이크, 액셀 밟는 과정에서 지그시 밟고 떼는 것이 아니라 밟았다 떼었다를 급하게 하다 보니 꿀렁거리기도 하는데 이럴 때에 연료 소모가 더 많이 되더라는 것이다.

운행 질서도 무관하지 않다. 중형차 운전하는 사람들은 대부분이 신입이 많기 때문에 운전에 능숙하지 않다. 그렇기에 차를 잘 다루지도 못하고 마음이 여유롭지가 못한데 누군가 동료 중에 운행 질서가 좋지 않은 사람이 있다면 운행하는 데 있어 쫓아다니기에만 급급하다 보니 차를 험하게 다룰 가능성이 높기에 연료 소모가 적지 않다는 것이다. 개중에는 버스 운전 무경력자로 입사해서 회사 자체에서 10일 연수 후에 바로 노선에 투입되었는데도 불구하고 연비가 잘 나오는 승무원도 있었다. 그러고 보면 신입이든 고참이든 운전을 어떻게 하느냐에 달려 있다는 얘기도 된다. 고참이라고 연비가 다 좋은 건 아니다.

평소 운전 습관을 봤을 때 어떤 승무원은 연료를 적게 소모시키는가 하면 어떤 승무원은 남들보다 연료를 훨씬 많이 소모시켜 주유 계기판을 확인했을 때 똑같은 시간을 운행했음에도 주유 계기판을 확인했을 때 한 칸을 더 소모시키는 승무원도 있었다. 예상한 대로 차를 남들보다 험하게 다루는 승무원이 연료 소모를 많이 시키는 것이었다. 연비 결정이 운전 습관에 따라 달리 결정된다는 것을 알 수 있었다. 몇 년 경험한 거지만 고정차가 아니면 그날 하루 운행하고 말 건데 차를 어찌 다루면 어때 하는 생각으로 운행하는 승무원도 있지 않을까 싶다.

이렇게 중형 운전할 때는 노선도 짧고 손님도 많지 않고 차가 밀리는 구간도 많지 않아 2시간에서 출퇴근 땅에는 2시간 10분 정도 맞추어 운행하니 연비 결정하는 데는 차를 얌전히 다루느냐 험하게 다루느냐에 따라 연비가 결정되는 것을 알아서 나의 운전 습관이 연비가 좋은 운전 습관인 줄만 알고 있었다.

그러나 대형으로 전환하고 보니 대형 버스에는 중형 버스에 없던 연료 절감 모니터가 달려 있는 것이다. 연료 절감 모니터가 달려 있다는 것은 연료 절감을 위해 운전 습관을 바꾸어 보겠다는 취지가 아닐까 싶은데 연료 절감 모니터가 매우 궁금하기도 했다. 그런데 단 한 사람도 알려 주는 사람이 없었다.

운행 중 단말기도 보면서 연료 절감 모니터도 꽤나 궁금했었기에 신경을 많이 쓰면서 운행을 했다. 근데 처음에는 연료 절감 모니터를 아무리 봐도 뭐가 뭔지 눈에 잘 들어오질 않았다. 보름 정도 운행하다 보니 조금씩 보이기 시작했다. 그런데 운행 연비와 등수가 매일 모니터에 뜨는데 중형 운전할 때는 다른 승무원들보다 평균적으로 연비가 좋게 나온다고 생각했기에 당연 1, 2등은 하지 않을까 생각했는데 운행할 때마다 꼴찌는 아니어도 꼴찌에서 맴도는 것이다.

버스 기사가 직접 쓴 안전 운행의 노하우

허참 이상하다. 웬일일까! 여태껏 나의 운전 습관이 괜찮다고 생각했는데 그게 아니었단 말인가! 그래서 어느 날은 버스 오래 운전하신 분께 왜 전 거의 매일 꼴찌로 뜨다시피 하는 거냐고 물으니 그분 말씀이 가속이 붙으면 액셀에서 발을 뗐다 밟았다를 반복하면서 운행하라는 거였다. 그런데 나의 생각은 그러면 차가 꿀렁거리지 않을까! 그렇게 하는 것이 정말 연료 소모를 줄이는 방법일까? 의아했다. 그 뒤로 그렇게 운전해 봤다. 그랬더니 어느 날 모니터에 관리자 안내문이라며 이렇게 뜬다.

'경제운전이란? 발끝에 날달걀이 있다고 생각해고 세심하고 부드럽게 액셀을 나눠 밟는 것!'이라고. 그 말이 이 말이었구나 하고 더 신경 써서 운전을 했더니 며칠 쭈욱 연비가 높아지더니 또 이런 안내문이 뜬다.

'감속 시 퓨얼컷(연료차단구간)을 최대한 활용해 보세요. 연료차단 운전 습관이 길러집니다.'라고.

그래서 그 후로 모니터에 연료차단이라는 글자가 뜨도록 신경 써서 운전을 했다. 그랬더니 모니터에는 쭈욱 연비가 높아지면서 거의 1등으로 떴다.

나) 퓨얼컷이란

퓨얼컷이란 일정한 속도로 속도가 상승했을 때 더 이상 속도가 증가하지 않도록 연료를 차단하는 것을 말하는데 퓨얼컷은 충분히 가속을 하다 액셀에서 발을 떼면 더 이상 가속하려는 의사가 없는 것으로 판단하여 연료 공급이 중단되는 것이다. 결국 차량은 탄력의 의해 주행하게 되어 연료 절감 연비를 높일 수 있게 되는 것이다. 주로 차 없고 뻥 뚫린 도로에서 가속이 붙었을 때 모든 페달에서 발을 떼고 운전하게 되면 연료 소모가 적다는 것이다. 또한 퓨얼컷으로 운행하는 시간이 길수록 차가 잘 나가기도 하지만 부드럽고 조용해진다. 퓨얼컷 운전은 급경사 완전 내리막이 아닌 브레이크를 밟지 않아도 될 만큼의 경사진 구간에서 운전하기에 딱이다. 장애물이 없는 구간에서 가속이 붙었다면 길게는 몇백 미터도 가능하다.

내가 현재 근무하고 있는 KD운송그룹 회사에는 연료 절감 모니터가 부착되어 있어 그걸 보면서 신경 써서 운전을 하게 되면 연료 절감하는 데 도움을 받을 수 있을 것이다. 몰라서 바꾸지 못하는 사람도 있다고 본다. 운전 습관을 바꾸려는 의지가 있다면 기존 하던 대로 그대로 하기보단 뭐가 잘못된 건지를 찾아내어 어찌하면 더 나아질까 생각하고 바꾸려는 의지를 가지는 게 무엇보다 우선인 거 같다는 생각이 든다.

연비를 높게 좋게 나오게 하는 운전 방법은 퓨얼컷으로 운

버스 기사가 직접 쓴 안전 운행의 노하우

전하면서 차를 정차시키는 시간을 최소화하되 60km(현재 KD운송그룹 일반 시내버스 기준, 55~60km로 묶인 상태라 이상으로 달리면 부저음 울림)로 쭉 달리는 시간이 많으면 많을수록 연비는 높게 나온다. 그러나 연료 절감 경제적 운전에 너무 신경 쓰다가 사고 한 방 터트리면 말짱 도루묵이니 사고 나지 않도록 더 집중하며 운전해야 한다. 연료 절감 모니터를 신경 써서 많이 보고 운전한 사람은 어떻게 운행하면 연료 절감이 되는지를 알고 있을 것이다. 퓨얼컷으로 운전하면서 고의로 앞차 바짝 붙어 승객 많이 태우지 않으면 연비가 좋게 나온다는 것까지 다 알고 있기 때문에 운행 질서에 악용될 수도 있다. 앞차 붙어서 운행하면 연비가 좋게 나올 수 있겠지만 벌어진 뒤차는 연비가 그만큼 좋지 않을 수도 있다는 걸 알아야 한다.

버스 운전하는 사람이라면 누구나가 승용차도 운전을 할 것이다. 승용차도 가끔 RPM 높이며 가속을 내어 밟아 주면서 퓨얼컷으로 운전하는 습관으로 바꾼다면 회사가 원거리에 있는 버스 승무원들에게 경제적으로 많은 도움이 될 것이다. 난 회사가 코앞에 있고 달릴 구간이 없어 퓨얼컷으로 운전할 일이 없으니 승용차의 연비가 좋지 않은데 어느 날 우리 집에서 30km 떨어진 곳에 볼일이 있어 2번이나 왕복(120km) 하면서 퓨얼컷으로 90~100km로 신경 써서 쭈욱 주행한 후에 시동을 끄면서 계기판을 보았더니 그날의 연비는 22로 나오는 걸 확인할 수 있었다.

또한 버스 운행하면서 연습한 퓨얼컷 운전! 어느 날은 남양주에서 화성을 다녀왔는데 연비가 23.8까지 나온 적도 있다. 전국적으로 매일같이 수많은 차들이 도로를 달릴 텐데 너나나나 조금만 신경 써서 운전 습관을 바꾼다면 도로에 쓸데없이 뿌려지는 연료를 절감할 수 있을 것이다. 그렇게 되면 기름 한 방울 나지 않는 우리나라 경제에도 많은 도움이 될 거라는 믿음이 생긴다.

다) 연비는 이렇게 결정된다

버스 내 운전석 앞에 부착되어 있는 연료 절감 모니터를 보고 또 보면서 많은 신경을 쓰며 운전을 했다. 똑같은 운전 습관으로 운전을 하는데 어떤 날은 연비가 좋고 어떤 날은 좋지 않게 나오는 것이다. 그날그날 운전할 때마다 연비가 달리 나오니 왜 그럴까 수개월 동안 겪어 보고 생각해 보고 이렇게도 해 보고 저렇게도 해 보고 해서 찾아낼 수 있었다.

운전하는 사람마다 똑같은 조건에서 연비가 조금씩 다르다는 것은 운전 습관이 달라서 그런 것이다. 또한 같은 사람의 같은 운전 습관으로도 그날그날 약간의 연비 차이가 있는 데는 이유가 있다. 그날의 운행하는 데 있어 변수가 있기 때문이다. 차마다 다르기도 해서 연비가 좋은 차와 그렇지 않은 차가 있어서 다르기도 하다. 또한 운행 순번에 따라 다르기도 한데 승객 많고 차가 밀리고 안 밀리는 순번에 따라서도 다르다. 또한 신기하게도 운행하는데 있어 앞, 뒤차 2~3대가 어떤 동료가 운행하는지에 따라 나의 연비가 달라질 수도 있다는 것이다. 그러니까 운행 질서와 연비와도 무관하지 않다는 것이다. 어떤 이유로든 앞차와 벌어져 운행하면 벌어진 뒤차의 연비는 낮을 가능성이 높고 반대로 앞차와 붙어 가면 연비는 좋게 나올 가능성이 매우 높다. 그래서 몇 달 연료 절감 모니터를 보고 운행하면서 내린 결론은 연비가 높고 낮음의 결정은 한 탕 도는 데 걸리는 시간에 따라 연비는 달라진다. 이른 새벽 시간이나 밤늦은 시간엔 승객도 없고 차도 없기 때문에 한 탕 운행하는 데 걸리는 시간이 짧기 때문에 연비가 좀 더 높게 나온다. 그러니까 한 탕 운행하는 데 있어 운행 소요 시간과 연비는 비례한다는 것이다.

결론은 한 바퀴 운행 시간이 짧으면 짧을수록 연비가 높고 반대로 한 탕 운행 시간이 길면 길수록 연비는 낮다. 그러기 때문에 배차 순번에 따라서 또는 앞뒤 어떤 동료가 운행하는 지에 따라 연비는 달라질 수도 있다. 그러기에 승객 많은 출퇴근 시간에 차가 밀려 가다 서다를 반복하면 연비가 좋지 않고 승객 없고 차 없는 시간엔 연비가 좋은 것이다.

어쩌면 연비에 유난히 신경 쓰는 승무원은 운행 질서가 좋지 않은 사람일수도 있는데 승객 많고 차 밀리는 시간에는 늘 앞차에 바짝 붙어서 승객 태우지 않고 운행하려는 이유가 연비 때문인지도 모르겠다. 가끔 누군가 내 고정차를 타면 유난히 연비가 좋게 나오는 사람이 있다. 허구한 날 앞차 붙어 다니거나 남보다 빨리 다니는 사람의 경우가 그러하다. 가다 서다를 많이 하지 않은 탓일까! 차도 잘 나간다. 차를 어떻게 다루어야 하는지를 아는 사람인 거 같기도 하다. 하지만 버스 기사의 임무는 한 노선에 여러 대의 버스가 운행되므로 운행함에 있어 딱 맞추어 다닐 수는 없지만 얼추 간격을 맞춰 승객을 승하차시키는 게 맞다고 보는데 연료 절감과 혼자만 편하겠다는 맘으로 운행해서 연비가 좋게 나올지는 몰라도 운행질서에 악용돼서는 안 된다고 본다. 누군가는 사고로 이어질 수도 있는 상황이 올 수도 있기 때문이다.

라) KD운행관리 어플 점수와 연료 절감 모니터 연비는 어떤 차이가 있는가

　KD운송그룹에는 보다 경제적인 운전 습관을 길들이기 위해서 운행관리 어플을 사용하고 있고 입석 대형 버스에는 연료 절감 모니터까지 부착되어 운행 중이다.

　연료 절감 모니터에 연비가 높게 나왔다고 운행관리 어플에도 점수가 잘 나온다고 생각하면 오산이다. 결론부터 말하자면 운행관리 어플엔 점수가 잘 나왔지만 연비는 좋지 않게 나오는 경우가 적지 않고 반대로 연료 절감 모니터에는 1등인데 운행관리 어플엔 위험과 빨간불로 도배를 하는 경우도 있다. 한 사람이 똑같은 운전 습관으로 각기 다른 차를 운전했을 때 점수가 달리 나온다는 것은 차마다 점수가 잘 나오는 차 그렇지 않은 차들이 있기 때문이다. 또한 같은 차를 여러 사람이 운행했을 때 누구는 높은 점수가 나오는데 누구는 과속에 기어비에 빨간불로 도배가 되어 있다면 좋지 않은 운전 습관을 가지고 있는 게 분명하다. 또 한 가지는 여러 사람이 같은 차를 운전하면서 누군가는 연비가 월등히 높게 나왔다면 종일 앞차에 바짝 붙어서 운행했을 가능성이 매우 높다. 나름 퓨얼컷으로 운전을 했다 하더라도 승객 많이 태웠거나 차 밀리는 구간이 있어 가다 서다를 반복하게 되었다면 실제로는 퓨얼컷으로 운행하는 시간이 짧기 때문에 연비가 좋을 리 없다.

　KD운행관리 어플에 점수 잘 나오게 하는 방법은 차마다 차이는 있지만 차를 살살 다루면서 운전 조작을 천천히 해야 한다. 모든 페달을 지그시 밟고 지그시 떼야 한다. 사실 저속으로 달리면 점수는 더 잘 나올 수가 있다. 왜냐면 저속으로 운행하게 되면 과속, 급감속, 급정지, 급앞지르기, 급진로변경, 급좌우회전 할 확률이 적어지기 때문이다. 그렇지만 저속으로 계속 운전하면 차량 고장의 원인이 될 수 있고 차는 도로에서의 규정 속도가 있기 때문에 그렇게는 할 수 없는 것이다. 그래서 KD운송그룹의 일반 시내버스 운행 속도가 60km 이상 되면 부저음이 울리기 때문에 60km 아래로 밟되 꿀렁거리지 않게 모든 페달을 지그시 밟고 지그시 뗀다. 급앞지르기, 급진로변경, 급좌우회전은 핸들과 연관이 있으므로 이 3가지를 하려면 속도를 줄여서 운전해야 한다. 핸들 트는 각도와 속력에 따라서 위반 횟수가 잡히지만 차마다 달라서 정확한 각도는 잘 모르겠지만 차를 살살 다루면서 RPM1700 이상 높이지 않고 스무스하게 운전할수록 매우 안전, 안전으로 점수가 나올 가능성이 높다. 반면, 차를 살살 다루어야 하는 건 비슷하지만 연료 절감 모니터에 연비 좋게 나오게 하는 운전 방법은 퓨얼 컷으로 운전하되 운전 조작을 살살하면서 한 탕 운행 시 정차

　　　　　버스 기사가 직접 쓴 안전 운행의 노하우

시간과 운행 시간을 최소화할수록 연비는 높게 나온다.

그래서 운행관리 어플은 RPM 많이 높이지 않고 저속으로 천천히 다닐수록 빨간불로 도배할 확률이 적고 연료 절감 모니터에는 이유야 어찌됐건 한 탕 운행 시간이 적으면 적을수록 연비는 좋게 나오기 때문에 KD 운행관리 어플 점수와 연료 절감 모니터의 연비가 결정되는 데는 약간의 차이가 있다.

9. 요소수를 태우려면 RPM을 높여라

가) 버스 차량의 현실

요즘 어느 버스 회사든 전기차로 하나씩 바뀌는 추세이긴 하지만 전국적으로 전기차로 다 교체되기까지는 몇 년의 시간이 흘러야 가능하지 않을까 싶다. 아직까지는 대부분이 경유, CNG 차량들로 요소수를 잘 태워 가며 운행을 해야 이상 없이 고장 없이 잘 굴러가게 되어 있다. 그걸 신입들은 모르는 게 어쩜 당연한지도 모르겠다. 하지만 개중에는 고참인데도 잘 모르고 있는 승무원이 있지는 않을까 하는 생각을 해 본다.

나는 버스 운전은 몇 년 했지만 버스 원리에 대해선 잘 모른다. 하지만 현업으로 근무하면서 계기판에 들어오는 체크불 경고등은 너무나도 많이 봐 와서 어찌하면 된다는 것도 많은 경험으로 어느 정도는 알게 되었다. 체크불로 인한 상황을 어떻게 버스를 다루면 괜찮아지더라는 답도 조금은 찾게 되었다.

버스 기사가 직접 쓴 안전 운행의 노하우

출고된 지 얼마 안 된 차량은 당연히 엔진 체크불, 경고등이 들어오지 않겠지만 연식이 좀 된 차량은 때가 됐으니 고장도 나고 엔진 체크불도 들어오는 경우가 많다. 또한 운행에 지장이 없는데도 체크불이 들어오는 경우들도 있다.

KD운송그룹에서 운행하는 일반 입석 버스들은 대부분 대우 BS106과 BS090인데 경유, CNG 차량을 막론하고 차를 어떻게 다루었냐에 따라 다르겠지만 3년 이상 된 차량들의 공통점은 엔진 체크불, 경고등이 거의 들어온다는 것이다. 체크불이 한 개 들어왔다면 양호한 편이고 2개도 그나마 낫고(노후되어 이상 없는데도 체크불이 들어온 경우도 있음) 문제는 3개까지 들어온 후, 적색 경고등으로 인한 출력 저하로 운행을 할 수 없게 될 때가 문제다. 경고등 3개 이상으로 운행을 할 수 없을 때에는 임시방편으로 자가진단스캐너로 경고등을 삭제 후 운행을 할 수는 있다. 운행 중 시동을 끄지 않는다면 출력저하 없이 한 탕은 돌고 들어올 수도 있지만 차고지 도착 후 시동을 껐다 켜면 경고등이 또다시 들어오므로 그럴 때는 부품 교환을 할 수밖에 없다.

차들이 오래되었으니 그럴 수도 있겠지만 애초부터 요소수를 잘 태워 주지 않았던 버스들은 엔진 체크불이 더 빨리 들어왔다는 것이다. 경고등이 들어오는 이유는 여러 가지가 있겠지만 엔진 체크불, 경고등과 요소수는 많은 관련이 있다.

나) RPM을 높이지 않고 운행하게 되면

엔진 체크불, 경고등 관련해서 나의 경험을 얘기하자면 내가 2017년도 말에 현재 운행하고 있는 노선으로 중형에서 대형으로 전환했는데 그때는 내가 당연 고정이 아니어서 이 차 저 차 운전하는데 출근해서 어느 차량이든 운행을 나가면 한두 탕은 차가 이상 없이 액셀에 발만 대어도 그런대로 잘 나가는 것이다. 그런데 3번째 탕부터는 차가 무거워지는 것이 차를 질질 끌고 가는 느낌이었다.

왜 그럴까 차를 험하게 다룬 것도 아니고 고장 날까 봐 살살 다루면서 승객들이 손잡이를 잘 잡지 않을 정도로 운행하는데 도대체 뭐 때문에 그럴까! 내 운전 습관이 뭐가 잘못된 거지? 운행할 때마다 매일같이 생각을 했다. 고정차를 타게 되어도 걱정이 되었다. 내가 매일 같은 차를 운행할 때마다 그 차가 그러면 큰일이라고 생각을 했기 때문이다. 어떤 날은 들어와 있지 않았던 체크불이 하나씩 들어오는 것이었다. 그 상태로 다음 교대자한테 체크불 들어오게 해서 미안하다며 인계하기도 했었다. 그런데 고정 근무자가 타면 괜찮은 거 같았다.

그러던 어느 날 결정적인 순간 그날은 다른 차를 운행하면서 똑같이 운전을 했는데 들어와 있지 않았던 체크불이 한꺼번에 3개가 들어와서 너무 당황했고 겁도 났다. 고정이셨던 교대 선배님께 왜 제가 운행하면 체크불이 들어오냐며 물으니 차를 너무 살살 다뤄서 그렇다나! 내가 고장 냈다며 혼이 나기도 했었다. 그렇다면 차를 세게 막 다뤄야 한단 말인가! 걱정이 이만저만이 아니었다.

다) RPM 높여 엔진 체크불 경고등 없애는 방법

그래서 그때부터 엔진 체크불, 경고등 들어오지 않게 하고 차가 가볍게 잘 나가게 하는 방법이 뭘까 알아내려고 경고등 들어올 때마다 연실 정비과 쫓아다니며 물어보고 운전을 이렇게도 해 보고 저렇게도 해 보고 해서 2018년 대형 버스 운전 1년 만에 찾아낸 정답이 RPM1500~1700으로 높여 운행하는 거였다. 엔진 체크불, 경고등의 주원인은 요소수를 제때 잘 태워 주지 않은 것이 원인이었다.

요소수 관련 문제라면 RPM을 잘 높여서 운전하면 들어왔던 엔진 경고등, 체크불도 요소수가 잘 타면서 체크불이 없어지기도 하고 또한 들어오지 않았다. 요소수 태울 목적으로 RPM을 높이려고 5단에서 70~80km 이상 과속으로 쭉 달린다 해도 RPM1500 정도는 올라갈 수는 있어도 정상 차량이라면 1600~1700까지는 올라가지 않는다.

그렇다면 요소수 관련 엔진 체크불, 경고등 없애는 방법은 RPM을 높여 운전하면서 기어비도 잡히지 않게 운전해야 차에도 무리가 없다. 운전할 때 클러치, 브레이크, 액셀 전 페달을 지그시 밟고 지그시 뗀다. 가능한 기어 변속을 RPM1600~1700에서 하는 것이 효과적이다. 1500 정도에서도 괜찮다. 만일 속력을 낼 수 없는 구간이라면 4단에서 RPM1600~1700으로 쭈욱 밟아 주면 차량에 따라 차이는 있을 수 있지만 50~60km 속도를 낼 수 있을 것이다. RPM1700을 넘기면 차에 무리도 가고 삐 소리도 나면서 기어비가 잡히므로 계기판에 RPM 바늘을 계속 주시하면서 액셀을 지그시 밟아서 RPM을 높인다.

엔진 체크불, 경고등이 들어왔는데 (요소수 관련) RPM을 높이지 않고 운행했던 차들을 RPM을 높여 운행하다 보면 차내 타는 냄새가 나기도 한다. 그러나 금방 없어진다. 또한 차가 가벼워지고 부드러워지며 잘 나가게 된다. 계속해서 RPM을 높이지 않고 운전한다면 차가 무겁고 잘 나가지도 않지만 장기간 그럴 경우 출력 저하로 운행을 할 수 없게 된다. 결국 강제로라도 DPF 리젠을 시켜 요소수를 태워 주어야 운전이

버스 기사가 직접 쓴 안전 운행의 노하우

가능하다. 요소수를 강제로 태운다는 것은 이미 요소수를 잘 태워 주지 않아 비정상까지 도달했다는 것이다. 그래서 운전하면서 꾸준히 요소수를 잘 태워 주면서 운전하는 것이 원칙이라고 본다.

라) 요소수를 어떻게 운행하면 잘 태울 수 있을까!

요소수를 잘 태울 수 있는 장소로는 짧은 구간이지만 오르막길이나 내리막 구간이다. 차가 어느 정도의 힘이 있고 잘 나가는 차라면 오르막에서 4단으로 50~60km까지 밟아 주면 가끔 연기가 풀풀 나면서 요소수가 잘 탄다. 하지만 차에 많은 무리가 가지 않도록 RPM1700 이상을 넘지 않도록 하며 액셀을 지그시 깊게 밟아 준다. 그러나 힘이 달리는 차들은 오르막에서 가속 탄력이 붙지 않으므로 2단에서는 20km, 3단에서는 30km, 4단에서는 40km로 주행하면 차에 큰 무리 없이 기어비가 잡히지 않게 올라갈 수는 있지만 요소수를 태우는데는 부족하므로 10km씩만 더 가속을 내어주면 요소수를 태우는 데 도움이 될 것이다. 평지에서 요소수를 잘 태우려면 앞에서도 언급한 바와 같이 5단에서는 RPM1500 이상을 높이기 힘드므로 차가 잘 나간다는 느낌이 들 때까지 4단으로 쭈욱 밟아 주되 기어비가 잡히지 않게 RPM1700 이상 넘기지 말고 차에 무리도 덜 가도록 액셀을 지그시 밟고 지그시 떼 준다.

출고된 지 몇 년 지난 차량들이 대부분이라 RPM을 하루 이틀 높여 타지 않아도 운행하는 데 큰 지장은 없을 수 있으나 장기간 높여 타지 않게 되면 출력 저하로 인한 정상 운행이 불가할 수 있으며 고가의 부품을 교체해야 되는 상황이 올 수도 있다. 만일 부품 교체를 한 후에 출력 저하도 없고 가속이 잘 붙는다 하여 RPM을 높여 타지 않는다면 서서히 차는 무겁게 느껴지게 될 것이다. 그러니 평소 운전할 때 RPM을 꾸준히 높여 운전하는 습관을 기르는 것이 좋다. 습관 바꾸겠다고 마음먹고 집중하면 한 가지 바꾸는 데 며칠이 채 걸리지 않을 수도 있다. 집중해서 연습하면 한두 달이면 제대로 바뀔 것이라는 생각이 든다. 기어 변속할 때 RPM 바늘을 습관적으로 쳐다보며 연습하면 도움이 더 될 것이다.

액셀에 발만 살짝 데어도 잘 나가던 차량이 하루 이틀만 RPM을 높여 타지 않아도 차가 무거운 느낌에 가속이 잘 붙지 않는다. 액셀을 깊게 밟아야만 차의 가속이 붙는데 그럴 때 연료 소모가 많이 된다. RPM을 하루만 높이지 않고 운전을 해도 표가 난다. 운전할 때 RPM이 잘 올라가지 않을 때는 액셀을 깊게 밟게 된다. 그러면 연료 소모는 더 되지만 그래도 RPM을 높여 운전해야 된다. RPM이 잘 올라가지 않아 액셀 페달을 깊게 밟게 되면 운행 점수 또한 좋지 않다. RPM

버스 기사가 직접 쓴 안전 운행의 노하우

을 너무 많이 높여 운전하게 되면 운행 점수와 연비는 그리 좋게 나오지는 않을 것이다. 그러나 차를 살살 다루며 모든 페달을 지그시 밟고 지그시 떼면서 운전을 하면 그래도 차를 험하게 다루는 것보다는 연비는 좋게 나올 것이다.

이런 경우도 있을 것이다. 전날 운행자가 RPM을 잘 높여 운행해서 차가 잘 나가고 있다면 다음 근무자는 RPM을 높여 타지 않을 가능성이 좀 높다. 현재 차가 잘 나가고 있기 때문에 RPM을 높여 타야 된다는 생각을 못 하고 있을지도 모르기 때문이다.

간혹 요소수 태우는 경고등이 떴다면 자동으로 요소수를 태워주긴 하지만 그래도 RPM을 높여서 운전해야 한다. 특히 오르막 내리막에서 밟아 주면 더 효과적이다. 정상 차량이라면 자동으로 태우는 경고등은 주기적으로 들어왔다가 요소수가 다 태워졌다면 자동으로 없어진다. 몇 년 버스 운전을 해보니 요소수를 넣는 차량이라면 버스 최고의 고장 원인은 첫째가 요소수를 잘 태워 주냐 아니냐에 달려 있다는 걸 알았다.

내가 아는 여자 지인이 7년 전쯤 그러니까 내가 버스를 막 시작하고 얼마 지나지 않아 3.5톤짜리 새 차를 사서 화물을 한다는 얘기를 들었었다. 나도 버스 운전하기 전엔 작은 차지 만 0.5톤 용달을 해 봤기 때문에 더 관심 있게 물어봤다. 작은 차 같으면 차 밑으로 들어가는 유지 비용이 대형차들보다는 적긴 하지만 큰 차들은 많이 번다 해도 유지 비용이 만만치 않게 든다는 것을 용달하면서 알았기 때문에 내심 걱정은 좀 됐었다. 3.5톤 화물차 운전한다는 지인한테 유지 비용이 아마 생각지 못하게 많이 들 거라고 얘기해 주었다. 여자가 대형 화물차 운전한다니 참 대단하다고 생각했지만 차에 대해선 아무래도 남자들보다 모를 텐데 하는 생각에 걱정이 더 되었다. 화물차 시작한 지 얼마 안 돼서 화물차 운전하는 거 어떠냐고 물으니 그 당시(6년 전) 요소수가 말썽이란 얘기를 들었었다. 그래서 그때 화물차도 요소수를 넣어야 된다는 것을 알게 되었다.

그 이후로 연락을 못 하고 살다가 요소수 관련해서 글을 쓰고 있노라니 그 지인이 생각났다. 그런데 이름이 갑자기 생각이 나질 않아 핸드폰 연락처를 쭈욱 찾아보니 있다. 글 쓰다 말고 전화를 했다. 첫인사가 "오랜만이야~ 요즘도 화물 하니?"로 시작해 단도직입적으로 물어보기 시작했다. 그때 요소수 문제 있던 거 어떻게 되었냐고 물으니 그 차는 리콜 대상이었다고 한다. 새 차 구입 후 1년 반 만에 부품 교체하고는 그런대로 몇 년 탔다고 했다.

버스 기사가 직접 쓴 안전 운행의 노하우

혹시 RPM은 잘 높이며 탔냐고 물으니 자긴 1000 이상 높이지 않으며 여적 탔다고 한다. 차가 이상 없이 잘 굴러가냐고 물으니 최근에 경고등이 자꾸 떠서 몇백 만 원의 수리비용이 들었다고 한다. 부품 4가지를 교체하면서 터보(뒤에서 다룰 예정) 부품까지 교체했다고 했다. 터보 교체한 지 얼마 되지도 않았는데 평지에서는 그런대로 나가는데 오르막에선 10~20km로 겨우 올라간다고 했다. 그런 경우 평소에 RPM을 높여 타지 않아서 더 그랬을 것이라고 얘기했더니 의아해했다. 그리고 오르막길에서 반 클러치나 고속으로 달릴 때 클러치와 브레이크 페달을 동시에 밟지 않느냐고 물으니 운전 습관이 2개의 페달을 동시에 많이 밟는다고 했다. 그런 습관으로 운전을 했을 경우 정비소에 가도 아마 원인을 잘 못 찾을 수도 있다고 했더니 그렇지 않아도 차가 잘 나가지 않아서 여러 정비소를 가 봤으나 자가진단 스캐너상 무언가 뜨긴 뜨는데 이미 부품들을 모두 교체한 상태란다. 그런데도 경고등이 뜨고 출력 저하가 생기다 락 걸리면 18만 원 주고 정비소 가서 DPF 리젠 한다고 했다.

그래서 그 화물차 운전할 때 기어 변속을 RPM1500~1700에 하고 퓨얼컷으로 운전하되 특히 전혀 사용을 안 할 수는 없지만 반 클러치나 내리막길에서 가속 붙었을 때 가능한 페달

2개를 동시에 밟는 행위 즉, 시동이라도 꺼질까 클러치와 브레이크를 동시에 밟는 습관이 있다면 운전 습관을 좀 바꿀 필요가 있다고 했다.

그 화물차 요소수 잘 태워지도록 RPM을 높이면서 운전하고 달리고 있을 때 가능한 2개의 페달을 동시에 밟는 습관을 바꾼다면 서서히 차는 괜찮아질 것이라고 믿는다.

요즘 일도 줄었는데 차까지 말썽이니 힘들다고 했다. 우울증까지 올 것 같다고 했다. 그 우울증은 환경적 요인이라 차가 해결되고 일이 좀 늘면 괜찮을 것이다.

통화하기 전에 요소수를 넣는 경유 차량이라면 아마 버스나 화물이나 비슷할 거라고 생각했는데 내 생각이 적중했다. 사실 승용차도 장거리 안 다니고 가까운 거리 살살 다니면 RPM을 높일 일이 없으니 차가 잘 안 나가는 것이 가솔린차라도 RPM 관련해서는 비슷한 원리인 거 같다. 회사가 가까운 난 어쩌다 장거리 가긴 하지만 거의 갈 일이 없어 승용차가 무겁게 느껴질 때가 많은데 저희 집 남편이 한 번씩 장거리 뛰고 오면 액셀에 발만 데어도 씽씽 잘 나간다.

요소수를 넣는 차량 버스든 화물이든 사람으로 비유한다면

버스 기사가 직접 쓴 안전 운행의 노하우

사람은 당뇨병이 있으면 이곳저곳 서서히 합병증이 오기 시작하는데 버스나 화물차는 요소수를 잘 태워 주지 않으면 이곳저곳 고장의 원인이 되는 거 같다.

당뇨병이 서서히 사람의 몸을 망가뜨리듯 버스는 요소수를 잘 태워 주지 않을 경우에 당뇨병과 같은 합병증이 올 수 있다는 표현이 괜찮은 것 같다.

마) RPM을 높여 운행하면 연료 소모가 많다? 적다?

결론부터 말하자면 RPM을 높여 운행하면 연료 소모는 많다.

그러나 연료 소모를 줄이기 위해서 RPM 높이지 않고 운전을 하게 되면 우선은 연료 소모가 적게 될 수는 있으나 장기간 RPM을 높이지 않고 운전하다가 체크불, 경고등이 들어올 경우에는 퓨얼컷(연료차단) 운행이 안 되기 때문에 연료 소모가 더 많다는 것이다. 또한 RPM을 높이지 않고 운전하다 차가 나가지 않을 경우 누구라도 액셀을 깊게 밟게 될 것이다. 그 과정에서도 연료 소모는 적지 않다. 그리고 여러 개의 체크불이 들어오고 출력 저하가 걸리면 대부분 터보라는 부품을 교체한다. 그런데 만만치 않은 부품 가격으로 알고 있다. 터보란 터보차저라고도 하는데 엔진이 더 큰 힘을 내게 하는 부품인데 요즘 차들은 거의 달려 있을 정도로 대중화 되었다. 터보의 정확한 역할은 공기를 압축하는 것인데 버려지는 배기가

스를 이용해 공기를 압축하는 것이다.

부품을 교체했다고 해서 RPM을 높이지 않고 계속 운행하면 얼마 안 가서 경고등이 또 들어올 수도 있을뿐더러 차가 잘 나가지 않는 현상을 겪게 될 것이다. 그래서 RPM을 높여서 운전하는 습관을 길들여야 차도 잘 나가므로 연료 소모를 줄일 뿐 아니라 고가의 부품 교체로 인한 손실을 막을 수가 있다. 요소수는 운전 중에 그때그때 RPM을 높여 태워 주어야 되는 것이 원칙이라 보며 그리하여 차량 고장을 줄일 수 있다고 본다.

버스 기사가 직접 쓴 안전 운행의 노하우

10. 스무스 운전

가) 스무스 운전은 어떻게 해야 하는가

　스무스 운전은 습관이다. 승용차 운전을 스무스하게 못 한다면 버스 운전도 그렇게 못 할 확률이 높다. 어떤 차를 운전하든 한 번 길들여진 운전 습관은 좀처럼 바꾸기가 쉽지 않다.

　내가 처음 버스 운전을 시작할 때의 나의 생각은 이랬다. 한 사람이 운전하는 데 있어 차종마다 운전하는 습관이 다를 것이라고 생각했다. 그런데 어떤 동료가 운전하는 승용차를 몇 번 탄 적이 있었는데 출발할 때도 정차할 때도 부드럽지가 않았다. 그러던 어느 날은 그 동료가 운전하는 버스를 타게 되었는데 계속해서 꿀렁거리게 운전을 해서 편안함이 전혀 없었다. 그래서 앉아서도 손잡이를 꽉 잡고 있었다. 버스는 승용차와는 달리 더 스무스하게 운전을 해야 한다고 생각했었기에 난 버스를 스무스하게 운전하려고 많은 연습을 했다.

글을 쓰다 보니 2016년도 마을버스 할 때가 생각난다. 그 당시는 여자 승무원이 요즘같이 그리 많지가 않아서 여자가 버스 운전을 한다면 대단하게도 생각했지만 많이들 불안해하는 거 같았다. 여자가 운전을 한다고 해서인지 자리에 앉아서도 두 손으로 손잡이를 꽉 잡고 앉아서 다른 곳에 시선을 두지 못하고 나와 버스 앞을 주시하는 승객들이 꽤나 많았었다. 나는 승객들의 그런 모습을 보고 나의 운전 습관을 테스트해 보기로 했다. 특히 나이 드신 승객들과 장애가 있으신 분들은 만일에 일어날 수 있는 안전사고에 자신을 지키려고 대비라도 하고 있는 듯했다. 버스 운행하면서 '저 승객 손잡이 꽉 잡은 손 어디쯤 가면 놓게 될까!' 라고 생각하면서 룸미러로 그 승객을 계속 주시하면서 운전했다. 처음에는 그냥 언제라도 잡았던 손잡이 놓기만을 바랐는데 몇 정거장 가니 잡았던 손잡이를 하나씩 놓기 시작하더니 나중엔 팔짱을 끼고 의자에 기대서 편하게 앉아 있는 승객들을 여러 번 보았다.

그렇다면 내가 스무스하게 운전을 하고 있다는 건가! 나름 자찬하면서 그다음부터는 승객들이 7~8정류장 가서 손잡이를 놓게 하자라는 목표를 세웠고 그다음은 5정류장 이렇게 쭉욱 연습을 하면서 운전했다. 그랬더니 여자 기사가 운전을 더 편안하게 한다는 둥 오늘은 기분 좋은 하루가 될 거라며 감사

버스 기사가 직접 쓴 안전 운행의 노하우

하다고들 인사하며 하차하는 승객들이 늘어나기 시작했다. 늘 타던 승객들이 이용하는 버스라 몇 달 하다 보니 나를 알아보는 승객들도 많아졌다. 멋있고 감사하다며 메모지에 손 편지까지 써서 음료수에 붙여서 건넨 승객도 있었고 집에 얼려 두었던 떡이라며 정류장에서 날 오기를 기다리다가 던져 준 승객도 있었다. 승객들이 마음으로 건넨 별의별 음료와 과일, 간식까지도 많이 받았었다. 또 내리면서 만 원짜리 한 장 던져 주고 내리는 승객도 있었다.

마을버스 한 지 6개월 정도 지났을까! 너무 스무스하게 운전을 해서였을까! 서서도 손잡이를 잡지 않는 승객들이 늘어났다. 그래서 그다음부터는 손잡이 잡으라는 얘기를 하지 않을 수가 없었다. 동료들한테 내 버스에 탄 승객들은 서서도 손잡이를 잘 잡지 않아서 신경 무지 쓰인다고 하니 한 번씩 브레이크를 팍팍 밟아 주라나! 그러면 알아서들 손잡이 잘 잡을 거라고 하는 거다. 정말 그럴까?! 그 후 몇 년이 지나서 승객이 손잡이를 잡지 않아서 3번이나 손잡이 잡으라고 얘기했더니 기분 나쁘게 얘기했다며 그 승객이 배차실로 전화를 했다. 그때 브레이크를 팍팍 밟아 주고 싶었다.

그렇다면 스무스 운전은 어떻게 해야 하는가! 운행 중 계기판에 속도계와 RPM 바늘의 움직임이 없거나 또는 서서히 오르락내리락 움직이고 멈춰야 스무스 운전을 하고 있는 것이다. 그러려면 클러치, 브레이크, 액셀 등 모든 페달을 다룰 때는 지그시 밟고 지그시 떼야 서서히 움직이는데 여유 있는 운전일수록 더 스무스한 운전이 가능하다. 또한 기어 변속도 천천히 하면서 운전을 해야 한다. 기어 변속을 빨리 하고 있다는 것은 여유 있는 운전을 하지 않고 있는 것이기도 하다. 기어 변속과 페달 조작을 잘하면 꿀렁거리지 않게 기어 변속을 했는지 안 했는지 페달을 밟고 있는 건지 뗐는지 표가 나지 않을 때도 있다.

만일 스무스한 운전 습관이 길들여지지 않았다면 하루아침에 고쳐지지 않을 게 분명하다. 그래서 꾸준한 연습이 필요하다. 모든 것이 마음먹기에 달려 있다고 본다.

가능한 모든 페달 밟지 않는 퓨얼컷으로 운전을 하게 될 때에 연료 소모도 줄일 뿐 아니라 스무스 운전을 하는 데도 많은 효과가 있다. 무엇보다 스무스 운전을 해야겠다는 의지와 목표를 세우는 것이 우선인 거 같다.

버스 운전 9년째 요즘도 룸미러를 신경 써서 보는 이유가 서서 손잡이 안 잡고 있는 승객과 가만히 앉아 있다가 차가 출발하자마자 자리에서 일어나는 나이 드신 승객들과 거동이 불편한 승객들 때문에 룸미러를 늘 주시하면서 운행한다. 아무리 스무스하게 운전을 할지라도 언제 어디서 어떻게 차내 안전사고가 일어날지 모르니 긴장을 늦춰서는 안 된다.

내가 버스 운전할 때 제일 재미를 느끼고 있는 것이 있다. 스무스한 운전으로 승객들이 편안함을 느끼게 될 때에 보람으로 버스 운전하는 것이 스트레스받을 때도 적지는 않지만 좋을 때가 많다. 그래서 나는 버스 운전하는 것을 즐기는 편이라고 생각한다.

내가 늘 운행하는 버스는 스무스하게 운전을 하면 스무스한 효과가 있지만 차량마다 상태가 다르므로 혹 어떤 차를 운전하게 될 때는 스무스하게 운전을 하려 해도 부드럽지가 않고 꿀렁거리는 현상까지 있기도 해서 그럴 때는 운전하는 게 싫어질 때도 있다. 하지만 그런 차도 하루 이틀 살살 달래서 길들이면 고장 난 차가 아니라면 스무스하게 운전이 되도록 만들어질 수 있다. 퓨얼컷으로 차를 살살 달래며 모든 페달을 지그시 밟고 지그시 떼 주면서 쭈욱 운전을 하면 차는 조용하고 부드럽게 잘 나간다. 스무스하게 차가 잘 나가면 기분이 더 좋아진다.

대형으로 전환해서 스무스하게 운전해서일까 어떤 승객이 늘 버스를 타고 출퇴근을 하는데 기사님이 운전을 제일 잘한다고 하기도 하고 승용차 같이 운전한다는 승객도 있었고 이렇게 편한 버스는 첨이라는 등 칭찬의 말을 꽤나 들었다. 또 버스에서 내린 승객이 앞문으로 다가와서 나를 보며 인사도 하고 손가락으로 굿이라는 표현도 많이 해 주었다. 그럴 때 버스 운전하는 것에 더 보람을 느끼게 된다. 버스 운전이란 직업을 택하길 너무 잘한 것 같다.

이 모든 게 내 자랑이다. 하지만 난 민원이 수차례나 들어왔었다. 손잡이 안 잡고 기본이 안 되고 대중교통 이용하면서 에티켓 없는 승객들에게 한 마디씩 한 것이 기분 나쁘다며 회사로 전화하는 승객들이 많았다. 손잡이를 안 잡든 차내에서 시끄럽게 잡담을 하든 말을 하지 않아야 민원이 들어오질 않는다. 난 시민의식이 많이 바뀌어야 된다고 생각한다. 요즘 승객들을 대왕으로 모셔야 한다.

나) 스무스 운전의 단점

스무스하게 운전을 하다 보면 손님들이 손잡이를 잘 잡지 않는 경우가 많으므로 운행 중 수시로 차내 룸미러를 확인하고 손잡이 잡으라는 안내 멘트를 수시로 날려야 한다. 자칫 잘못하면 안전사고로 이어질 수 있으므로 긴장을 늦춰서는 안 된다. 10대, 20대 젊은 학생 승객들! 도로 상태가 그닥 좋지 않은 곳에서 60km로 달리고 있는데 손잡이도 잡지 않은 채 버스 중간에 서서 핸드폰 하고 있는 경우도 잦았었다. 또한 스무스 운전을 하면 몸에 힘이 많이 들어갈 정도로 신경을 써야 하므로 운행하는 데 있어 피로도는 좀 더 높다.

[스무스 운전의 효과와 장점]

① 손님들이 편안함을 느끼고 운전을 잘한다고 생각한다.

② 연료 소모를 줄이는 데 효과적이다.

③ 차량 고장이 덜하다

④ 운행 점수가 잘 나온다.

⑤ 차량이 조용해진다.

⑥ 스무스 운전은 직업정신이 더 투철해진다.

⑦ 버스 운전기사로서의 보람을 느끼게 된다.

⑧ 스무스 운전을 하면 기분이 좋아진다.

⑨ 인정을 받을 수도 있다.

⑩ 차내 안전사고를 줄일 수 있다

11. 버스 사고 면책

가) 버스 사고 중 운전기사가 면책될 수 있는 경우

① 제3자의 과실: 사고가 다른 운전자, 보행자, 승객 등의 과실로 발생한 경우

② 불가항력: 사고가 천재지변, 화재, 기상 조건 등 불가항력적인 사유로 발생한 경우

③ 기술적 결함: 버스의 기술적인 결함이나 제조사의 실수로 인해 사고가 발생한 경우

④ 합법적인 조치: 버스 운영자나 운전자가 법률과 규정을 준수하고 안전에 최선을 다한 경우

이 경우와 같이 버스 사고가 났을 경우 버스 기사가 면책될 수 있는 포괄적인 내용들인데 실제로 승무원들이 많이 겪고 있는 안전사고들이 많다. 만일 CCTV가 없다면 고스란히 당할 수밖에 없는 경우가 있다.

버스 기사가 직접 쓴 안전 운행의 노하우

나) CCTV의 위력

과거에 그러니까 버스에 CCTV가 없던 시절에는 차내 안전 사고가 났을 경우 승객이 어떤 이유로든 아프다고 하면 다치지 않았음에도 고스란히 버스 기사가 덤터기를 쓸 수밖에 없던 시절이 있었다. 확인할 길이 없었으니 더 그러할 수밖에 없었을 것이다. 버스 운전 오래하신 선배님들께 들은 얘기다. 이런 경우가 비일비재하게 있었다고 한다.

차내 안전사고로 같은 날 같은 버스에서 여러 명의 다친 승객들이 있었는데 당시 승객으로 버스에 타고 있지도 않았으면서 회사로 전화해서는 아파서 치료 받겠다며 승객이 아니었던 사람이 사기 치는 경우도 많이 있었다는 한다.

억울했지만 고스란히 기사의 몫으로 돌아가서 강제 퇴직당하는 기사들도 많았다고 한다. 그러나 시간이 지나면서 차내는 물론이고 차 외부까지도 CCTV가 많이 설치되어 그야말로 시민 감시단이 따로 없다. CCTV가 많이 설치된 요즘은 버스 기사들이 억울하게 덤터기 쓰는 일은 거의 없을 것이다. 그러므로 시민 의식도 많이 달라져 그렇게 사기 치려는 승객도 거의 없어진 듯하다.

만일 CCTV가 없었다면 고스란히 당할 뻔한 사건이 내게도 있었다. 퇴근시간이라 승객은 만차, 그야말로 버스 안은 콩나물 시루짝 만큼이나 승객이 꽉 찼었는데 50대 여자 승객이 양손에 짐을 잔뜩 들고 탔다. 하차할 때 뒷문으로 내릴 상황은 아니어서 승객이 앞으로 내릴 수 있냐길래 그러라고 하고 정류장 정차 시 내릴 승객이 많을 것 같아 싸이드까지 채운 상태였다. 그런데 그 정류장은 일자로 된 정류장이 아닌 굽은 정류장이라 누구든지 멀게는 2~3m까지도 멀게 정차할 수밖에 없는 상황의 정류장이다. 그리고 그 당시 버스들이 뒤에 두 대가 더 정차해야 하는 상황이라 앞으로 차를 좀 뺀 상황이었다. 그런데 그 승객 앞문으로 하차해서는 바닥 어딘가에 걸려 넘어졌다. 내려서 확인해 보니 들었던 짐들은 내동댕이쳐졌고 손바닥에는 넘어져 약간의 긁힌 상처가 나 있었다. 괜찮냐고 물으니 아프긴 한데 괜찮다고 했다. 나는 승객이 버스에서 내린 후 바닥에서 넘어진 거라 내게는 잘못이 없다고 했더니 맞다며 알았다고 했다. 내동댕이쳐진 짐을 챙겨 주려 했으나 버스에 타고 있는 승객이 많아서 조심히 가시라 하고 바로 출발을 했다.

그런데 그 승객이 다음 날 회사로 전화했다. 보험금이라도 뜯어낼 작정이었다. 사고 보고서를 쓸 것까지는 아닌 것 같아 쓰지 않았다. 배차실에서 부르더니 어떤 상황임을 물으며 싸이드를 채웠냐고 물었고 그 당시 차 바퀴를 굴리지 않았냐고도 묻는다. 싸이드 채우고 바퀴도 굴리지 않았었다 하니 그럼 면책이라고 걱정하지 않아도 된다고 했다. CCTV 확인 후 회사에서 그 승객에게 보상의무가 없다고 하니 그 승객은 원거리 정차로 물고 늘어지더라는 거다. 회사에서는 기사가 원거리 정차를 했다고 해서 승객이 보상을 요구할 문제는 아니고 원거리 정차 경우에는 시에서 기사에게 과태료 처분 내리면 끝난다고 승객에게 얘기했단다. 실제로 원거리 정차로 시에서 과태료 처분 내리는 경우는 거의 없다.

과거 버스에 CCTV가 없던 시절 승객들은 무슨 일이 조금만 있어도 전화해서 아프다고 보험금 뜯어내려는 승객들이 정말 많았다. 하지만 요즘은 CCTV 확인해서 기사의 잘잘못을 판가름한다. 버스 기사에게는 CCTV가 안전장치일 수는 있으나 그것은 과실이 없을 경우에 해당되는 것이다. 나 역시 그 당시 CCTV가 없었더라면 고스란히 당할 수밖에 없었을 것이다.

또한 차내서 승객이 넘어진 경우 기사가 급제동을 하지 않았음에도 승객이 넘어졌다면 승객의 불찰로 기사는 면책이 되는 것이다. 급제동의 경우 CCTV 확인할 때 기준점이 차내에 매달려 있는 손잡이의 흔들림 보고 판가름한다고 한다. 평소에도 손잡이 흔들림이 어느 정도인지를 확인하며 운전하게 되면 좀 더 스무스한 운전이 되지 않을까 싶다.

그러나 간혹 기사가 면책임에도 불구하고 차내서 다친 승객은 분명 본인이 잘못한 것을 알고 있지만 치료비가 과대 발생하는 경우 그 가족들이 회사로 전화해서 차내서 다쳤으니 책임지라고 나오는 경우도 있다. 회사에서는 승객이 잘못해서 다친 것이니 보상을 못 해 준다고 하면 경찰에 신고해서 끝까지 고액의 치료비를 받아낸다. 경찰에 신고되면 운전한 당사자는 좋을 게 하나도 없으므로 애초에 그런 일이 발생하지 않도록 주의해서 운전할 필요가 있다.

버스 기사가 직접 쓴 안전 운행의 노하우

12. 무정차

가) 무정차는 왜 하는가

무정차는 버스나 기타 대중교통 수단에서 중요한 문제 중 하나라고 할 수 있다. 버스 같은 경우 무정차 하는 경우가 다양하겠지만 첫째가 운전하는 데 집중력이 떨어진 상태이거나 어떤 이유에서든 집중을 하지 않은 채 운행을 해서일 것이다.

둘째는 운행 시간 맞추기 위해 앞차와 벌어져서 따라가려고 조급한 마음에 평소 승객이 거의 타지 않는 정류장은 확인도 하지 않은 채 지나치는 경우에 그럴 것이다.

셋째는 버스 정류장에 몇 대의 버스가 줄지어 섰을 때 같은 노선 앞차와 벌어지지는 않을까 혹은 벌어졌거나 해서 조급한 마음과 동시에 타는 승객이 없을 거라 예상하고 앞에서 승객 태우고 있는 버스를 앞질러 가는 경우가 무정차하게 되는 이유가 아닐까 싶다.

위와 같이 정류장에서 승객을 태우지 않고 지나쳤다면 무정차가 확실하지만 승객이 무정차를 이유로 회사로 전화하는 경우에는 단순 민원으로 볼 수 있겠지만 시청으로 민원을 제기하는 경우에는 과태료 처분 사전통지서를 받게 된다. 무정차라도 승객의 민원이 없다면 무정차는 성립이 안 되는 것이다.

그렇다면 무정차 민원 제기는 승객이 어떨 때 할까! 아마 승객이 단단히 화가 났을 때 민원을 제기할 것이다. 배차 간격이 길고 춥고 더운데 정류장에서 많이 기다린 것도 짜증나는데 정류장에서 손을 흔들었음에도 불구하고 서지도 않고 지나쳤을 때와 늦은 시간 버스가 거의 끊기는 시간에 지나쳤다면 가만히 있을 승객 하나도 없을 것이다. 아마 내가 승객이라도 그랬을 것이다.

그나마 순진한 승객은 회사로 전화하겠지만 요즘은 똑똑한 승객이 너무나 많으므로 시청으로 바로 민원 제기하는 일이 대다수기 때문에 운전에 집중을 가해야 무정차로 인한 과태료 처분받고 강화교육 받는 일이 없을 것이다.

나) 과태료
무정차 민원이 발생하면 시청 대중교통과에서는 버스가 정류장을 어떻게 몇 km로 지나갔는지 손님이 정류장에 제대로 서 있었는지도 확인한다. 민원이 정당하다면 무정차 과태료 처분 사전통지서를 등기우편으로 무정차 위반자 자택으로 보낸다.

처분의 제목은 여객자동차 운수사업법 위반 과태료.

과태료는 10만 원, 납입 방법은 납기 내에 자진 납부하게 되면 20% 감경. 8만 원으로 납입할 수 있다. 관계자 연락처로 전화해서 가상계좌 문자로 받아 입금하면 된다. 만일 이의 신청(의견 제출서와 함께 동봉 도착)한다고 시간 끌다 납기 내 납부하지 못하면 10만 원으로 납입해야 한다. CCTV 모두 확인 후 과태료처분사전 통지서를 보내기 때문에 이의 신청해도 수락되기는 힘들 것이다. 감경된 과태료를 납부한 경우에는 부과 징수 절차가 종료되어 의견제출 및 이의 신청을 할 수 없다.

· 가산금: 납부기한을 경과한 날로부터 체납된 과태료의 3%가산
· 중가산금: 가산금 부과 이후 매월 1.2%씩 최장 60개월 72%까지 중가산(총 중가산금 75%)

그러니 무정차 과태료처분사전통지서를 받았다면 전화해서 가상계좌를 받아 기한 내에 입금하는 것이 상책일 것이다.

다) 강화교육

무정차 과태료를 부과 받은 승무원들은 강화교육을 받아야 한다. 나도 무정차 강화교육을 받게 되면서 몰랐던 사실을 알게 되었다. 지역에 따라 받는 지역이 있고 받지 않는 지역이 있다.

서울, 경기 지역은 여객자동차가 전국에서 최대로 많고 여객 종사자들 또한 제일 많은 지역이다. 그 이유일까 경기도는 무정차 과태료처분사전고지서를 받았다면 3개월 내에 강화교육을 받아야 한다. 코로나 시기에는 온라인으로 받을 수 있었다. 하지만 2024년 1월부터는 경기도교통연수원에서 1일 8시간 집합 대면 강화교육을 받아야 한다.

강화교육은 현재 경기도 교통연수원에서 버스, 택시, 화물 모두 한꺼번에 매월 하루만 날짜 정해서 교육하고 있다. 경기도 교통연수원 홈페이지 접속해서 교육날짜가 정해져 있으니 가능한 날짜에 예약해서 받으면 된다. 속상하지만 일은 벌어졌고 어차피 받아야 할 교육이라면 한 가지라도 더 배운다는 마음으로 교육에 임한다면 덜 힘들지 않을까 하는 생각을 해본다.

버스 기사가 직접 쓴 안전 운행의 노하우

교육은 09:00~18:00, 총 4과목으로 진행한다. 경기도 교통연수원의 주차장은 주차할 수 있는 차량 수는 정해진 주차 공간이 아닌 곳까지 끼어끼어 꽉 채워 주차한다면 300대까지도 가능하다고 했다. 대강당에서 교육받을 수 있는 최고 인원은 좌석수가 총 450석이니 450명까지 가능한 셈이다. 강화교육 수료증은 회사에서 복사 후 시청으로 보내기 때문에 강화교육을 받았다는 수료증을 회사에 보여 주어야 한다.

13. 버스 차량 잦은 고장은 왜일까

가) 버스가 고장 나는 일반적인 이유

모든 차량은 때가 되면 하나씩 고장이 나게 마련이다. 사람이 나이 들면 아픈 것처럼. 그러나 그리 노후되지 않은 차가 고장이 잦다면 분명 이유가 있을 것이다. 버스의 잦은 고장의 일반적인 이유는 다음과 같다.

① 나이와 마모: 오래된 버스나 많은 운행 시간을 가진 버스는 부품의 마모나 노후화로 인해 고장이 발생할 확률이 높다.

② 부족한 정비: 정기적이고 적절한 정비 및 점검이 이루어지지 않으면 기계적인 결함이나 부품 고장이 발생할 수 있다.

③ 운전 습관: 운전자의 운전 습관이나 운전 기술이 부족한 경우 부주의한 운전으로 인해 고장이 발생할 수 있다.

④ 환경요인: 운행조건이 힘들거나 악화된 환경에서 운행하

버스 기사가 직접 쓴 안전 운행의 노하우

는 경우, 예를 들어 악천후, 악재로 인해 고장이 발생할
수 있다.

이외에도 각 버스의 개별상황에 따라 고장이 발생할 수 있
다. 정기적인 유지보수, 정비, 운전자 교육 및 안전한 운행 환
경 조성은 버스 고장을 예방하는 데 도움이 될 것이다. 이와
같이 이론적인 차량 고장의 원인은 많이 알고 있는 내용이 아
닐까 싶다.

그리고 현업으로 몇 년 버스 운전하면서 실전에서 더 디테
일하게 느낀 것이 있다. 버스가 이 차 저 차 고장이 많이 날
때는 운행에도 많은 지장을 주어 승무원들이나 정비사는 물론
정상 운행이 안 될 경우 승객들까지도 많은 불편함을 줄 수밖
에 없다. 그래서 어느 날부터 매일같이 운행하는 버스의 잦은
고장은 왜일까? 깊게 생각해 보기 시작했다.

때가 되어 차량 고장이 나는 것은 당연하다. 그러나 호미로
막을 것을 괭이로도 막지 못하는 현상이 올 수도 있으므로 정
기적으로 차량 점검을 통해 미리미리 오일 교환, 벨트 교환
등을 함으로써 더 큰 차량 고장을 막을 수 있다고 생각을 해
본다. 내 경험을 통해 느낀 것을 얘기하자면 버스의 본네트를

열어 보면 몇 개의 벨트가 있다. 각 벨트마다 무슨 기능을 하는지 나는 전혀 모른다. 그러나 그 벨트 중 하나라도 느슨하거나 끊어지려고 한다면 차는 정상적이지가 않다. 경험을 바탕으로 얘기하자면 난 출근하면 항시 본네트를 열어 부동액양이 적지는 않은지 벨트는 끊어지려 하지는 않은지 운행 전늘 확인을 한다. 같은 경험을 여러 번 한 것이 있다. 밤새 주차했던 차의 벨트 상태는 날이 추울수록 더 느슨해져 있는 것 같았다. 팽팽해야 할 벨트가 느슨하거나 끊어지려는 상태가 되면 액셀을 세게 밟아도 RPM이 잘 올라가지 않는 것을 경험했다.

어느 날 너무 느슨하고 끊어지려는 벨트를 교환해 주면 안 되겠냐고 했더니 부품이 없어서 교환은 안 된다고 하면서 느슨한 벨트를 조여 주기만 했다. 그런데 무겁고 잘 나가지 않던 버스가 RPM도 잘 올라가면서 차가 잘 나가는 것을 느꼈다. 평소에 작은 벨트가 아무것도 아니라고 생각하고 있었는데 그게 아니었다. 작은 벨트 하나가 하는 역할이 대단하구나 생각했다.

벨트 관련해서 또 경험을 얘기하자면 운행 중에 부동액이 새면서 삐 소리(냉각수 부동액 없을 때와 시동 꺼진 상태에서 싸이드를 채우지 않았을 때와 에어가 빠졌을 때 나는 소리가 같음)가 계속 난다. 아침에 출근해서 부동액 양이 꽉 차 있는

버스 기사가 직접 쓴 안전 운행의 노하우

걸 확인하고 운행을 시작했는데 혹시 에어가 빠지고 있는지도 모른다고 생각해 겁도 나고 해서 일단 차를 세우고 내려서 버스 뒤를 가 보니 부동액이 막 흐르고 있다. 부동액이 터졌다. 승객 모두 하차시키고 정비과에 전화했다. 잠시 후 도착한 정비 기사님께 이유가 뭐냐고 물으니 4개의 벨트 중 제네레다 벨트 하나가 끊어졌다는 것이다. 눈으로 확인해도 벨트는 붙어 있었다. 하지만 넓은 벨트가 반으로 갈라지며 끊어지면서 부동액 호스를 치는 바람에 부동액이 샜다고 했다. 정말 다행인 것은 차고지에 거의 다 도착한 상태에서 벌어진 일이라 다행 중 다행이라는 생각이 들었다. 만일 차도 많고 승객들도 많은 서울 한복판에서 그런 일이 있었더라면 정비과에서 도착하는 시간이 걸렸을 테니 수많은 사람들이 불편을 겪지 않았을까 하는 생각을 하니 아찔했다. 이럴 때 호미로 막을 것을 괭이로 막았다고 해야 하나!

임시방편으로 수리 후 차고지에 들어와서는 벨트들이 노후된 것들이 있어 다 교환해 주면 안 되겠냐고 했더니 부품이 다 있으면 교환해 주겠다고 했다. 저녁 먹고 와서 본네트를 열어 보니 모든 벨트가 다 교체되었다. 차가 왠지 잘 나갈 것 같은 느낌이 든다. 오~! 정말 액셀에 발만 살짝 데어도 잘 나간다. 전에 느낌 그대로 벨트가 느슨해도 차가 무겁고 액셀을 깊게 밟아야 RPM이 올라간다는 생각이 맞아 떨어진 것이다. 참고로 본네트 내에 4개의 벨트는 라지에다 열을 식혀 주는 후황 벨트 대와 소 벨트가 있고 전기 발전기 역할을 하는 제네레다 벨트와 에어컨 벨트가 있다. 4개의 벨트 중 에어컨 벨트를 제외한 나머지 후황벨트 대·소와 제네레다 벨트는 하나라도 끊어지면 운행을 할 수가 없다.

그러니까 엔진오일 교환만 해도 차가 부드럽게 잘 나가므로 매일 같이 몇백 킬로씩 운행하는 차량을 정기적으로 정비를 제대로 했을 때 잦은 버스 고장을 줄일 수 있다는 것은 확실한 것 같다.

그렇지만 정비도 물론 중요하지만 차가 고장 없이 잘 굴러가도록 운전하는 운전 습관이 무엇보다 중요하다고 본다. 그래야만 버스가 고장 나기까지 시간을 더 늦출 수 있기 때문이다. 차의 연식이 그다지 오래되지 않은 차가 고장이 잦다면 분명 운전 습관의 문제일 가능성이 높다고 본다.

마을버스 1년 하고 KD운송그룹 회사에 입사해서는 중형 버스 8개월 하고 대형으로 전환했다. 중형 운전할 때는 계기판에 뜨는 엔진 체크불, 경고등이 뭔지도 모른 채 운전을 했다. 60km 쭈욱 밟아 주면 체크불이 없어질 거라는 얘기만 들었고 자세히 알려 주는 사람은 없었다. 중형 운전할 때는 실제로 60km 밟을 구간은 그리 많지 않았다. 엔진 체크불, 경고등 그게 크게 고장의 원인이라는 사실도 모르고 사고만 안 나면 된다는 마음만 가지고 운행했던 것 같다.

 대형으로 전환해서는 엔진 체크불 뜨는 차량은 힘도 딸리고 잘 나가지가 않는 것이 고장의 원인이란 걸 알았다. 엔진 체크불, 경고등 관련해서 나 나름대로 1년 이상의 시간이 걸려 찾아내어 알게 된 것이 있었다.

 앞서서도 많이 다뤘지만 요소수 관련 엔진 체크불이 문제였다. 요소수를 넣은 차량이라면 운행하면서 RPM을 잘 높여 요소수를 잘 태워 주어야 고장이 날 확률이 적다는 것을 알았다. 또한 차를 막 다루면서 운전했을 때도 고장의 원인이 되기도 한다. 차를 막 다루어서 일어나는 차량 상태는 첫째가 삐그덕 소리가 잦고 심지어는 하체 부분에서 부서지는 소리가 나기도 한다. 차를 막 다루는 사람을 보면 방지턱이나 도로 노면 상태가 좋지 않은 곳에서도 속도를 줄이지 않은 채 운전을 한다. 그렇게 운전한다는 것은 노면 상태 양호한 곳에서 역시도 RPM을 과하게 높이면서 과속 60km 이상도 서슴지 않고 운전 조작도 급하게 할 가능성이 매우 높다. 이것이 버스 고장의 원인이기도 하다.

삐그덕 소리가 많이 나는 이유는 좋지 않은 도로나 방지턱을 속도를 줄이지 않은 채 막 넘어다니고 페달을 지그시 밟고 떼지 않을뿐더러 차를 막 다루기 때문이다. 심하게 삐그덕 소리가 난다면 불가능하겠지만 미세하게 나는 삐그덕 소리는 계속적, 반복적으로 차를 살살 다루면 소리가 없어지기도 한다. 차량마다 때가 되면 언젠가는 삐그덕 소리가 나겠지만 연속적으로 계속해서 차를 살살 다루면 심하게 소리가 나는 데까지는 오랜 시간이 걸릴 것이다. 만일 비가 많이 오는 날에도 삐그덕 소리가 계속해서 난다면 수리를 해야 한다. 타이어를 움직이게 해 주는 스프링 사이에 플라스틱 파이버를 끼워 주는 수리를 하는 걸로 알고 있다. 스프링 파이버가 오랜 기간 동안 마모돼서 일어나는 현상이다. 삐그덕 소리가 많이 나다가도 비가 오는 날이면 하체에 수분으로 인해 소리가 나지 않을 때도 있다. 아무튼 여유 있는 운전으로 차를 살살 다루었을 때 삐그덕 소리는 줄거나 나지 않게 될 것이다.

그렇게 되면 운전하는 버스 기사나 승객들이 차내 삐그덕 소리로 인한 스트레스를 받지 않을 것이며 수리 부품을 제공하는 회사나 수리하는 사내 정비과에서도 일손을 덜게 된다. 각 사람이 삐그덕 소리의 원인이 되지 않도록 차를 잘 다루는 운전 습관이 필요하다.

　　　　　버스 기사가 직접 쓴 안전 운행의 노하우

얼마 전에 운행하면서 느낀 것인데 반 클러치나 페달 2개를 동시에 자주 밟는 경우에도 삐그덕 소리가 날 수 있다는 것을 알았다. 늘 운행하던 차의 삐그덕 소리가 가끔 미세하게 나긴 했었지만 갑자기 심하게 났다. 승객 가득 태우고 앞차량은 벌어진 상태이고 혹시나 뒤로 밀릴까 봐 오르막 도로에서 반 클러치를 약간 썼을 뿐인데 얼마 가지 않아 삐그덕 소리가 심하게 났다. 그래서 여러 번 느낀 거지만 반 클러치를 쓰는 경우에도 삐그덕 소리가 날 수 있다는 생각을 했다.

그리고 어떤 날은 삐그덕 소리가 나기도 했다가 어느 날은 전혀 나지 않을 때도 있다. 난 고정차라 여러 사람과 돌아가며 운행을 한다. 어떤 승무원과 교대를 받으면 차량 상태가 좋지 않을 때가 있다. 어느 날 삐그덕 소리가 꽤나 많이 나서 계속적으로 그렇게 소리가 난다면 정비과에 고쳐 달라(약하게 소리가 나면 고쳐 달라고 말하기 곤란)고 곧 얘기를 할 수도 있겠다 싶었다. 내가 운행한 다음 날 어떤 승무원이 하루 운행을 했는데 좀 심하게 나던 삐그덕 소리가 하나도 안 난다. 연비도 잘 나왔고 차도 부드럽고 조용히 너무 잘 나가는 것이었다. 하루 운행했을 뿐인데 차가 달라졌다. 어떻게 운전하는지 견습해 보고 싶을 정도였다. 혹시 이런 생각도 해 보긴 했다. 승객을 태우지 않으려고 앞차에 바짝 붙어 다닌 것은 아닐까 하는 그런 생각을 해 보기도 했다. 가다 서다를 많이 하지 않을수록 차량 상태는 좋아지기 때문에 그런 생각도 해 봤다. 그러니까 차를 어떻게 다루고 운전하느냐에 따라 차량 상태는 달라질 수 있다는 것은 확실한 것 같다.

7개월 전부터 고정차를 받았는데 그 당시 그 차는 삐그덕 소리가 좀 났던 차였다. 운전하면서 차에서 나는 삐그덕 소리도 스트레스가 상당하기 때문에 차를 살살 다루려고 애쓰고 가능한 반 클러치와 달리는 도중 속도를 줄이는 과정에서 시동이라도 꺼질까 불안해서 클러치와 브레이크를 동시에 밟는 행위를 최소화하며 운전을 했더니 어쩌다 가끔 삐그덕 소리가 났을 뿐 몇 개월이 지난 지금은 그때에 비하면 삐그덕 소리가 거의 나지 않는다. 삐그덕 소리가 많이 나는 차들도 비가 오는 날이면 거의 나지 않는 경우가 많다. 또한 미세하게 나는 차량들은 세차를 하게 되면 잠시 삐그덕 소리가 나지 않는 경우가 있다. 그래서 생각한 것이 차 타이어에 수분이 닿으면 윤활유 역할을 해 준다고 생각을 했다. 그래서 전에 중형차를 운전했을 때는 삐그덕 소리가 하도 심하게 나서 수돗가에 차를 주차해 놓고 타이어에 물을 잔뜩 뿌리고 운행한 적도 있었다. 그러면 잠시 삐그덕 소리가 약하게 날 때도 있었다.

아무리 차를 살살 다루고 비가 오는 날에도 삐그덕 소리가 계속해서 난다면 수리를 해야 한다. 수리 후 차를 잘 다루게

버스 기사가 직접 쓴 안전 운행의 노하우

되면 몇 년은 삐그덕 소리 없이 타게 될 것이다.

나) 현업에서의 경험담

내가 중형 버스 운전할 때의 경험담을 이야기해 보고 싶다. 난 대형 버스를 3년 정도 운전하다가 4년 전 친정엄마의 건강이 좋지 않아서 잠시 4개월 동안 퇴직했다가 재입사하면서 중형 버스를 운전하게 되었다. 그 당시 내가 입사했을 때의 노선에는 무경력자도 많았고 마을버스 하다 온 승무원들도 있었다. 출퇴근 시간은 어느 노선이든 좀 바쁜 건 사실이지만 버스 운전을 오래한 승무원들, 운전 좀 한다는 이들이 하나같이 빨리들 다니니 무경력자나 신입 승무원들도 조급한 마음에 앞차 쫓아가려고 차를 험하게 막 다루는 게 고장의 원인이었다. 멀리서 들어도 요란한 괴음이 들릴 정도로 운전하는 신입도 있었으니 말이다. 그러다 보니 이 차 저 차 삐그덕 소리와 차를 막 다룬 사람과 교대를 받으면 모든 페달 밟을 때 이상한 느낌도 나고 사고 날 거같이 운전하기가 불안할 정도였다. 대형차들보다 신입들이 운전하는 중형차에서 삐그덕 소리가 심하게 나는걸 보면 운전이 미숙한 신입 승무원들이 많기 때문일 것이다. 요즘은 좀 나아진 것 같긴 하지만 3년 전쯤 내가 중형차 운전했을 때는 삐그덕 소리가 하도 심하게 나서 승객들의 항의가 있었던 적도 있었다.

어느 날은 내 고정차를 평소에 좋지 않은 운전 습관을 가진 승무원이 운전을 했는데 퇴근 탕에 남들은 2시간 10분에도 들어오지 못하는 것을 1시간 50분 맞춰 들어온다고 운행을 했던 모양이다. 배차표를 보는 순간 그 승무원이 내 고정차를 운전한다는 것이 사실 너무 싫었었다. 평소에 그 승무원의 운전 습관을 알았었기에 더 그랬다. 그 버스 기사가 운행한 다음 날 출근해서 시동부터 걸으니 CNG 차라 조용했던 차가 좀 시끄럽기도 했다. 브레이크, 액셀을 밟으니 북북 소리가 나기도 하고 순조롭게 밟히지도 않고 무언가 휘어 감는 듯한 느낌? 정말 사고 날 것 같은 기분이었다. 이내 차를 험하게 다루었다는 걸 알았다. 반 클러치도 많이 사용한 거 같았다. 특정하게 고장 난 게 없어 무슨 고장이라고 말을 할 수가 없어서 정비과에 가서 고쳐 달라고 할 수도 없었다. 그런 경우가 가끔 있었기에 어떻게 하면 되는지 난 조금은 알고 있었다. 그 이후 그 차를 운행하면서 더 살살 달래며 운전할 수밖에 없었다. 하루하루 그렇게 운행하다 보니 조금씩 나아지기는 했다. 원상태로 돌아오기까지 보름이란 시간이 걸렸다. 그래서 좀 막 다루어 좋지 않고 시끄러운 차들도 살살 잘 달래면서 운전하면 좀 더 조용해지고 부드럽게 잘 나간다는 것을 알았다.

한 가지 덧붙여 얘기하자면 스틱 버스라면 클러치, 브레이

버스 기사가 직접 쓴 안전 운행의 노하우

크, 액셀 3가지의 페달을 밟으며 운전을 해야 한다. 페달을 동시에 2개를 밟는 행위 즉, 반 클러치 사용을 전혀 사용 안 할 수는 없지만 자주 사용하게 되면 확실히 차량 고장의 원인이 된다. 또한 운전하다가 시동 꺼질까 봐 속력이 있음에도 클러치와 브레이크를 동시에 밟는 경우가 있다. 특히 가속이 붙은 내리막길에서 그런 경우가 많을 것이다. 몇 년 버스 운전하면서 나 역시도 달리다 브레이크 밟을 상황이 오면 시동 꺼질까 봐 그렇게 운전을 했었다. 정지 상태에서 기어 변속을 할 때나 저속에서 클러치와 브레이크를 동시에 안 밟을 수는 없다. 하지만 페달 2개를 동시에 밟는 시간을 최소화하거나 밟지 말아야 한다.

이걸 알아낸 지는 2년도 채 안 된 듯하다. 난 차의 원리에 대해선 전혀 모른다. 그러나 앞서도 얘기했지만 수년간 이 차 저 차 운전하면서 좀 이상한 경우에는 정비과나 선배님들한테 물어보고 이렇게도 해 보고 저렇게도 해 보고 해서 찾아낸 결론이 맞아떨어질 때가 많았다. 앞에서도 언급했지만 조급한 마음에 차를 막 다루게 된다 치면 오르막길에서 출발할 때 반 클러치를 사용할 확률이 무지 높다. 그리고 달리는 도중 속도를 줄이기 위해 클러치와 브레이크를 동시에 밟는 경우는 운전 습관이기 때문에 하루 빨리 운전 습관을 바꾸는 것이 좋다. 동료들 중에 고정차를 운전하고 있는데 가끔씩 차가 거지 같다는 말을 하는 적이 있다. 그럴 때 난 마음속으로 처음부터 거지 같은 차는 없었을 것이다. 이 사람 저 사람이 운전을 하면서 누군가 차를 험하게 막 다루었다든가 운전 습관이 잘못되었다든가 정비를 제대로 하지 않아서 그렇다든가 또는 운전 미숙으로 차가 거지같이 바뀌어졌을 거라고 생각했다.

2가지의 페달을 동시에 밟고 계속적으로 반복적으로 운전했을 경우 정답이 아닐 수는 있어도 느낌 그대로 얘기하자면 나중에는 페달 밟을 때의 느낌이 좋지 않고 기어가 잘 들어가지도 않고 뻑뻑해지기도 한다. 다른 고장의 원인일 수도 있지만 장시간 그럴 경우 기어가 아예 들어가지도 않고 빠지지도 않는다. 결국 미션을 내려야 하는 상황까지도 오게 된다. 어느 페달이든지 2개의 페달을 동시에 밟으면서 운전하는 시간이 길 면 차의 느낌은 더더욱 좋지 않다. 운전하는 게 두려워지기까지도 한다. 그렇다면 2개의 페달을 늘 습관적으로 밟으며 운전하는 사람은 가능한 밟지 않도록 운전 습관을 바꿀 필요가 있는데 방법이 없는 건 아니다. 내가 해 봤더니 괜찮은 방법 같아서 난 이렇게 하고 있다.

우선 반 클러치를 쓰지 않으려면 조급한 마음을 없애야 한다. 차량마다 상태가 좀 다르긴 해서 뒤로 좀 밀리는 차도 있

버스 기사가 직접 쓴 안전 운행의 노하우

고 그렇지 않은 차들도 있다. 잘 밀리는 차일수록 더 신경을 써서 운전을 해야 한다. 오르막에서 출발할 때는 조급함 없애고 여유 있는 마음을 가지고 액셀은 밟지 말고 발만 살짝 데고 클러치에서 지그시 발을 뗀 후 바퀴가 굴러가면 액셀을 서서히 밟아서 출발하도록 한다. 차마다 다르기도 해서 뒤로 밀리는 차가 있고 그렇지 않은 차들도 있을 것이다. 뒤에 다른 차들이 있어 박을까 봐 반 클러치를 쓰는 경우가 많은데 뒤에 차가 아주 가까이 서 있지 않는 한 클러치에서 지그시 발을 떼면 서서히 밀렸다가 출발이 됨과 동시에 액셀을 밟으면 반 클러치를 사용하지 않고도 운전이 가능하다. 출발할 때 뒤로 많이 밀리던 차들도 계속해서 반복적으로 반 클러치 사용을 하지 않게 되면 차들이 길들여져 밀리는 현상이 덜해지기도 하고 없어지기도 한다.

완전 오르막에서 정차했다 출발할 때는 밀리는 현상이 심해 초보 운전자들은 식은땀이 날 수도 있다. 이런 경우에는 싸이드를 사용한다. 이때 역시 조급함 조바심을 버려야 한다. 싸이드 채웠다가 출발할 때 싸이드를 서서히 풀면서 동시에 액셀을 밟아 주면 밀리지 않고 출발할 수 있다. 그런데 연습이 필요하다. 운전 경험이 많을수록 연습할 기회는 많았을 것이다. 그래서 오랜 경험을 쌓은 고참 운전자들은 두려움 없이 반 클러치 사용도 덜하게 될 테니 신입보다는 차 다루는 솜씨는 월등할 것이다. 또 동시에 클러치와 브레이크 밟는 경우를 빼놓을 수가 없다. 이는 전혀 그렇게 안 하면 운전을 할 수가 없다. 하지만 최소화해야 한다. 이 또한 차량 고장의 원인이 될 수 있기 때문이다.

　나 역시도 달리는 도중 특히 내리막길에서 시동이 꺼질까 봐 습관처럼 동시에 밟으며 운전할 때가 많았다. 그런데 하루 종일 그렇게 운전하니 차가 이상해져서 그렇게 운전하는 방법은 정상이 아니라고 생각했다. 그리고 그렇게 운전하다 조절을 잘못하면 꿀렁거림도 있고 차에 무리가 많이 간다고도 생각해 내 나름 연구를 시작했다. 다른 사람들은 그런 경우에 어떻게 운전하는지 사실 무지 궁금하다.

　난 이렇게도 해 보고 저렇게도 해 봐서 나만의 답을 찾았다고 생각한다. 꿀렁거림도 없이 스무스하게 운전이 되는 것이 차에도 큰 무리가 없는 거 같다고 생각했기에 지금도 그렇게 운전을 하고 있다. 그 방법은 달리는 중이니 기어가 들어가 있는 상태에서 속도를 줄이거나 정차하려면 브레이크를 밟게 된다. 그때 혹여나 시동이 꺼질까 동시에 클러치를 밟게 될 것이다. 정차했다가 출발할 때는 브레이크 밟은 상태에서 당연히 클러치를 밟아야 하지만 문제는 가속이 붙었을 때다. 가속이 붙었을 때 속력을 줄여야 되는 상황이라면 잠깐 기어를 뺐다가 다시 속도에 맞춰 기어를 넣는다. 내리막길 같은 경우에 5단으로 달리다가 속도를 줄일 때 브레이크 살짝 한 번 밟은 후 기어를 잠시 뺐다가 다시 도로 사정과 속도 상황에 따라 다르긴 하지만 4단으로 바로 넣어도 잘만 연결되면 꿀렁거림이 없는 운전이 가능하다.

그런데 주의할 점이 있다. 내리막길에서는 기어를 빼고도 한참을 잘 굴러간다. 그럴 때가 위험할 수가 있다. 용달했을 때 주워들은 얘기다. 화물차에 짐을 가득 싣고 내리막길에서 연료 절감한답시고 가속이 붙었다고 기어 빼고 한참을 달리다가 대형 사고가 난 경우가 있었다고 한다. 기어 빼고 한참을 달리는 것이 잦으면 브레이크가 말을 듣지 않을 수도 있다는 것이다. 그 얘기를 들었기에 처음에 버스를 운전하면서 특히나 내리막길에선 기어를 빼지 못하고 더더욱 브레이크와 클러치를 동시에 밟는 운전을 습관처럼 했던 것 같다. 몇 년 그렇게 운전하다가 그런 경우에 기어 살짝 뺐다 다시 넣고 운전하는 것이 다른 방법보다 더 옳은 방법이라 생각해서 지금도 그렇게 운전을 하는데 여러 승객들이 편안하게 운전을 잘한다고들 한다.

한 번 길들여진 운전 습관이 하루아침에 바뀔 수는 없다. 운전 습관 바꾸어 보겠다고 평소에 하지 않던 대로 운전을 하게 되면 위험할 수도 있으니 집중에 집중을 가해 운전을 해야 한다.

차를 험하게 다루었을 때 어떤 일이 일어날 수 있는지 대형 버스 할 때의 경험이다. 내가 운행하는 노선이 아닌 다른 노선버스 얘기를 하자면 승객 많은 퇴근 탕에 내 뒤를 바짝 따라오길래 조급한 것 같아 추월해 가라는 신호를 했다. 넘어가면서 앞차와 많이 벌어졌는지 "부앙" 괴음을 내면서 추월해 가는 것을 보고 너무 심한 것 같아서 저러다 차 고장 나겠다 싶었다. 웬걸 몇 정거장 갔더니만 결국 그 차량 고장 나서 비상등을 켜고 서 있었다.

결국 차를 막 다루며 운행한 탓에 고장 난 한 대의 버스 차량 때문에 몇 명의 피해자가 있는지 생각해 보았다. 같은 노선을 운행하는 앞 뒤차 버스 승무원들은 고장 난 차량 앞에 가던 차는 고장 난 뒤차가 오질 않으니 빨리 가지도 못하고 고장 나서 서 있는 그 뒤차는 운행하던 앞차가 빠졌으니 그 앞차와의 간격이 벌어졌으니 승객도 많을 것이어서 더 신경을 써서 운행을 해야 한다. 차가 늦게 왔다고 짜증을 내는 승객도 있을 것이다. 차를 고쳐야 하는 정비과 또 그 버스에 탔던 승객들은 원하지 않는 하차를 해야 하고 각 버스 정류장에서 버스 기다리던 승객들은 차가 오지 않으니 불편함을 느낄 수밖에 없는 것이다. 그러니 운행 중 1대라도 운행이 멈추면 많은 사람들이 불편함을 느끼는 건 당연지사다. 차를 막 다루어 고장

버스 기사가 직접 쓴 안전 운행의 노하우

난 경우는 좀 안타깝다.

노후돼서 고장 난 차량은 어쩔 수 없이 부품 교체하며 수리를 해야 한다. 하지만 운전 기술이 부족한 경우라면 오래 운전하신 분들께 좀 더 배우고 장시간에 걸쳐 스스로 터득하면 될 것이지만 차를 험하게 막 다루는 운전 습관이야말로 바꾸어야 할 것이다. 그렇다면 차를 험하게 막 다루는 이유는 뭘까 생각해 보았는데 이유는 있었다. 아마 다른 사람들이 생각지도 못한 것이 답이었는데 그건 바로 운행 질서에 있었다.

[차를 험하게 다루는 이유]
① 습관이다.
② 운행 중 앞차와 벌어졌다.
③ 운행하는데 있어 조급함이 앞선다.
④ 앞차와 벌어지고 싶지 않아서 미친 듯이 쫓아간다.
⑤ 여유 있는 마음으로 운행을 하지 못하고 있다.
⑥ 내 고정차가 아니니 차를 어떻게 다루던 하루만 운행하면 된다는 맘으로 운행한다.
⑦ 미운 동료 고정차를 고의로 막 다룬다.
⑧ 운행하는데 짜증나는 일이 있다.
⑨ 그날 기분 좋지 않은 일이 있다.

⑩ 막 탕 조금이라도 빨리 퇴근하려는 맘이 앞선다 등.

[험하게 다룬 차의 현상과 일어나는 일들]

① 차량 고장의 원인이 된다.

② 삐그덕 소리가 많이 나게 된다.

③ 차가 평소보다 시끄럽다.

④ 심하면 하체 쪽에서 부서지는 듯한 소리도 난다.

⑤ 반 클러치를 많이 썼을 가능성이 높아 페달 밟을 때 정상
   적이지가 않다.

⑥ 많은 사람들의 피로도가 높아진다.

⑦ 부품 교체로 인한 경제적 손실이 크다.

⑧ 차가 정상이 아니면 운전하기가 싫어진다.

⑨ 기어가 잘 들어가지 않는다.

⑩ 속도 줄일 때 브레이크, 클러치를 동시에 밟을 가능성이
   높다 등.

14. 과속과 신호위반은 왜 하는가

가) 과속과 신호위반을 하는 이유

버스 운전 중 과속과 신호위반을 하는 가장 큰 이유는 다음과 같을 것이다.

① 시간압박: 버스 운전은 정해진 노선과 시간에 맞춰 운행을 해야 한다. 이 때문에 운전자들은 시간압박을 느껴 과속이나 신호위반을 선택할 수 있다. 정시 출발이나 도착을 위해 압박을 받는 경우 운전자들은 과속이나 신호를 무시할 수도 있다.

② 경제적인 이유: 일부 운전자들은 운전 시간을 절약하고 연료 소모를 줄이기 위해 과속을 선택할 수가 있다. 또한 신호위반을 하여 불필요한 정류장에서 멈추지 않고 승객을 빠르게 운송하려는 경우도 있다.

③ 운전자 행동 및 태도: 운전자의 개인적인 행동이나 태도가 과속과 신호위반에 영향을 줄 수 있다. 부주의한 운전

습관으로 교통규칙을 무시하는 행동, 긴장 상태 등의 과
속이나 신호위반을 유발할 수 있다.

④ 다른 운전자의 영향: 다른 운전자들이 과속하거나 신호
위반하는 것을 보고 따라하는 경우도 있다. 동료 운전자
나 도로 상황에 대한 영향을 받아 과속이나 신호위반을
선택할 수가 있다.

과속과 신호위반은 교통안전에 심각한 위험을 초래할 수 있
으며 법적인 문제가 야기될 수도 있다. 안전한 운전을 위해
항상 교통 규칙을 준수하고 시간의 여유를 가지고 운행하는
것이 중요하다.

나) 과속과 신호위반자 관리

버스 운행 시 신호위반과 과속 같은 운전행위는 회사에서 관
리가 되어야 한다. 회사에서 이를 관리하기 위한 몇 가지 방법
은 이렇다.

① 정책 및 수립: 회사는 명확하고 엄격한 정책과 운전지침
을 수립해야 한다. 이는 운전자에게 정해진 속도 제한과
교통규칙을 준수하도록 요구한다. 정책은 회사의 안전
운전 가치를 강조하고 운전자들에게 그 중요성을 알리는

역할을 한다.

② 교육과 훈련: 회사는 운전자들에게 교육과 훈련을 제공하여 안전운전에 대한 인식을 높여야 한다. 이는 교통규칙, 운전기술, 스트레스 관리 등의 정기적인 교육과 실전 훈련은 운전자들이 안전운전 습관을 유지하도록 돕는다.

③ 감시와 평가: 회사는 운전자들을 감시하고 평가한다. 이를 위해 GPS 추적 시스템 등을 사용하여 운전자의 운행 기록을 모니터링한다. 이러한 데이터를 사용하여 운전자의 운전 습관을 개선할 수 있다.

④ 보상과 징계: 운전자들에게 안전운전에 대한 보상체계를 도입하여 운전자들의 모범적인 행위를 인센티브화할 수 있다. 위반자들에게는 경고, 교육, 일시적인 운행정지 등의 징계를 내릴 수 있다.

⑤ 개선과 피드백: 회사는 운전자들과의 소통을 강화하고 피드백 체계를 구축해야 한다. 운전자들의 의견과 제안을 수렴하고 위반 사례나 사고 발생 시 적절한 개선 조치를 취할 수 있도록 해야 한다.

이러한 조치들은 회사에서 운전자들의 안전한 운전을 촉진하고 위험한 행위를 예방하는 데 도움이 될 것이다.

다) 신호위반과 과속은 운행 질서에 어떠한 영향이 있나

버스 운행 시 신호위반과 과속은 매우 위험한 행위다. 이는 승객의 안전을 위협하고 교통사고의 원인이 될 수 있기 때문이다. 또한 이러한 행위는 운행 질서를 불안전하게 만들고 운전자와 승객들의 불편을 겪게 할 수 있다. 예를 들어 신호위반으로 다른 차량들과 충돌한 경우 승객들은 부상을 입을 수도 있으며 운행에 차질이 있을 수도 있다. 과속으로 급제동을 하게 되는 경우 승객들은 낙상 등의 위험을 감수해야 한다. 따라서 버스 운행 시 신호위반이나 과속은 운행 질서에 부정적인 영향을 미치게 된다. 회사와 운전자들은 안전한 운행을 위해 이러한 위반 행위를 예방하고 승객들의 안전과 편의를 최우선으로 고려해야 한다.

라) 실전에서의 버스 운전은

이 내용들은 어쩌면 이론적인 내용의 안전 매뉴얼이라고도 할 수 있다.

누구나 신호위반, 과속을 하면 안 되는 이유까지도 다 알고 있다. 하지만 변수가 많은 도로에서 차가 막히고 승객 많은 시간에 실전 현장에서 버스 운행을 하다 보면 안전운전 매뉴얼은 까맣게 잊고 운행할 때가 많을 것이다. 버스를 운전하는 사람이라면 신호위반, 과속을 한 번도 해 보지 않은 사람은 단 한 사람도 없을 것이다. 특히나 종일 운전하는 경우라면 확률적으로 신호위반이나 과속을 할 확률이 훨씬 더 높다.

그렇다면 실전에서 버스 운전하면서 어떤 경우에 신호위반이나 과속을 많이 하게 될까 생각해 보지 않을 수 없다. 한 노선에는 여러 대의 차량이 각기 다른 맘으로 운행을 하게 된다. 버스는 화물이나 택시처럼 혼자 운행하는 것이 아니다. 그러기 때문에 어느 정도의 간격을 맞추어 앞뒤 동료들 승객들까지 배려하는 맘을 가지고 운행을 해야 한다. 운행 중 앞뒤 차 간격만 맞으면 승객이 만차라도 좀 더 여유 있고 조급함 없이 운행할 수 있을 것이다. 승객을 태우지 않으려는 마음을 가지고 누군가가 운행을 한다면 운행 질서는 엉망이 될 수밖에 없다.

대부분이 앞차만 보고 운행하는 경향이 적지 않다. 앞차랑 벌어지면 승객을 많이 태우게 되니 힘도 들고 아무래도 사고로 이어질 가능성이 높다 보니 뒤지지 않을세라 앞차만 보고 쫓아간다. 그 과정에서 분명 뒤에 누군가는 앞차와 벌어진 동료가 있을 것이다. 출퇴근 탕에는 한 번 벌어지면 설상가상으로 더 벌어지게 될 수밖에 없다. 앞차와 벌어지게 되면 타는 승객이 많기에 태운 승객 하차까지 시켜야 하니 정류장이란 정류장은 거의 정차할 가능성이 매우 높다. 그와 반대로 이유야 어찌됐든 앞차에 붙어서 운행하는 차는 승객도 없으니 내릴 승객도 없다. 그러니 그 앞차와의 간격은 더 좁혀져서 설설 기어서 운행할 수밖에 없는 상황이 오게 된다. 앞차와 벌어진 차는 가뜩이나 힘겨운데 승객이 타면서 오래 기다렸다는 둥 왜 이제 오냐는 둥 사람 속도 모르고 짜증내기 일쑤다. 그러다 보니 운행하는 입장에선 앞차와는 벌어지고 뒤차는 붙을까 싶어 빨리 가려하다 보면 신호위반이나 과속을 하게 될 확률이 높다. 그래서 버스 운행하는 데 있어 운행 질서가 바로 잡혀야 신호위반이나 과속을 줄일 수 있다는 얘기다.

긴 노선 몇 년 운행해 보면서 느낀 것이다. 한 바퀴를 편하게 운행하는 사람이 있고 한 바퀴를 앞차와 벌어진 채 승객 꽉꽉 태우고 힘들게 운행하는 사람도 있다. 이유야 어찌됐건 앞차와 벌어진 자와 뒤차를 버린 자를 비교했을 때 신호위반과 과속은 누가 더 많이 하게 될까도 생각해 보았다.

이기적인 맘으로 운행하는 사람은 승객을 많이 태우지 않고 편한 맘으로 운행하려고 차고지서 출발한 지 얼마 안 돼서 간격이 맞게 운행되고 있음에도 조바심에 신호를 위반할 확률이 높다고 본다. 또한 앞차랑 벌어질까 미친 듯이 운전한다. 남들 모두가 받지 못한 신호를 혼자만 받았다면 단말기만 봐도

버스 기사가 직접 쓴 안전 운행의 노하우

알 수 있다. 남들보다 신호를 하나 더 잘 받았다면 가면서 신호 하나 끊고 가는 것이 맞다고 본다. 근데 그걸 대부분이 안 하려고 한다. 턴 시간을 남들보다 빨리해야 편하게 한 바퀴 돌고 올 수 있다는 것을 알고 있기 때문일까?! 물론 모두가 그렇다는 얘기는 아니다. 일부 그런 승무원이 있다는 것이다. 뒤차가 많이 벌어져서 운행하고 있다면 턴 지점에서 잠시 섰다가 뒤차들 상황을 보며 턴을 하면 좋으련만 턴 시간도 남들보다 빠르게 하고는 그때부터 앞차랑 붙어 슬슬 기어 운행하면서 차고지까지 도착하는 경우가 있다. 힘들었을 뒤의 동료들은 전혀 아랑곳하지도 않는다. 어쩔 수 없는 상황에서 승객 많고 차 밀리는 시간에는 앞뒤 차 간격을 맞추기란 쉬운 일이 아니다. 하지만 배려하는 마음은 가질 필요는 있다고 생각한다.

앞차와 붙어가는 사람은 심적 여유가 많기 때문에 신호위반할 일이 없으나 앞차와 벌어진 뒤차는 앞차가 신호 끊어 간격 맞춰 주지 않고 운행하는 한 신호위반이나 과속할 가능성이 매우 높다. 신호위반이나 과속을 하지 않고 앞차와 벌어지든 뒤차가 붙든 한 탕 돌고 쉬는 시간 하나 없고 밥 먹을 시간이 없을지라도 포기하고 운행하는 것이 어쩌면 현명한 생각일 수도 있겠다. 사고 안내는 것이 장땡이니까.

배려하는 마음을 가지고 운행하는지 그렇지 않은지는 입이 없는 단말기가 말을 해 주고 있다. 버스 운전 하는 승무원이라면 많은 공감을 할 것이다. 노선 길고 운행하는 차가 많을수록 그 노선의 승무원들은 그 느낌을 더 잘 알 것이다. 같은 노선에서의 여러 동료들이 한 동료를 평가했을 때 거의 똑같은 생각을 하고 있지 않을까 하는 생각을 해 본다.

또한 매일같이 같은 도로를 몇 번씩 운행하는데 신호 체계도 다 알고 있을 텐데 신호위반이나 과속 단속 카메라에 걸려 과태료 고지서를 받는 승무원이 적지 않은 것으로 알고 있다. 우스갯소리로 경찰서 건물 버스 기사들이 세웠다는 말이 있을 정도다. 과태료는 아깝기 그지없다. 어린이보호구역 내 단속 카메라에 찍혔다 하면 더블이다. 단속 카메라에 걸려 과태료 처분을 받게 되면 금전적인 손해가 크다. 그래서 각자가 운행하면서 신경을 쓸 텐데 매일같이 몇 번이고 다니는 도로인데도 불구하고 신호위반, 과속 단속 카메라에 걸렸다 함은 운행하는 데 있어 집중을 하지 않았거나 앞차랑 벌어졌거나 간격을 맞추기 위해 신호위반 했을 확률이 높다. 더블이라고 하면 하루 일당이 될 만큼 적지 않은 금액이다. 그래서 집중 못 해 단속 카메라에 걸리면 더 안타까운 일이므로 과태료 처분받지 않도록 더 집중해서 운행하는 것이 좋겠다.

버스 기사가 직접 쓴 안전 운행의 노하우

매일 몇 번씩 오가는 도로에서 단속 카메라에 걸려 과태료 처분을 받는 일이 허다한데 단속 카메라가 없는 곳에서는 얼마나 많은 승무원들이 위반을 하며 운행을 하고 있을까 생각해 보게 된다. 현업으로 버스 운전을 하면서 현실에서 일어나고 있는 실태를 말하고 싶다. 어떤 이유에서든 많은 버스 승무원들이 어느 회사를 막론하고 신호위반을 적지 않게 하고 있다는 사실이다. 신호위반을 해서 사고가 안 나고 그 누구에게도 피해를 주지 않고 간격이 맞춰진다면 그것이 어쩌면 더 안전하고 현명한 운행이 될 수도 있다. 앞차와 벌어진 차량은 한 번의 신호위반으로 운행 질서에 도움이 될 수도 있기 때문이다. 여기서 신호위반이라 함은 차들이 많은 위험한 도로나 교차로의 적색 신호에서의 위반이 아니라 황색 신호등이나 인적이 드물어 수 달 동안 횡단보도를 건너는 사람을 거의 보지 못한 신호 등을 위반하는 것을 말한다. 그런 신호 하나를 위반함으로 인해 신호가 긴 다음 교차로의 신호를 받을 수 있기 때문이다. 신호 체계를 다 알고 있기 때문에 그렇게 신호위반을 하는 경우가 적지 않다는 것이다. 문제는 여러 대가 간격을 잘 맞춰서 운행되고 있음에도 혼자 편하게 승객 덜 태우려고 신호위반을 하는 것이 엄청난 문제라는 것이다.

신호위반 하는 사람이 모두가 사고가 날 확률이 높은 건 아니다. 한 번의 신호위반으로 간격이 잘 맞춰진다면 더 여유로운 운행이 될 수 있기에 신호위반이 사고가 날 확률이 꼭 높은 것은 아니다. 신호를 깠던지 아님 신호를 남보다 잘 받아서 늘 앞차랑 붙어 다니는 사람은 사고가 거의 나지 않는다는 것을 알았다. 그만큼의 남들보다 여유 있는 운행을 할 수 있기 때문이다. 만일 앞차와 많이 벌어졌거나 뒤차가 바짝 붙어오더라도 조급한 마음 없애고 여유 있는 운전만이 신호위반, 과속을 하지 않을 수 있는 방법이라 하겠다. 하지만 간격이 너무 맞지 않는다면 여러 동료들이나 승객들까지 힘들어질 수 있는 상황이 올 수도 있기 때문에 가능한 간격을 맞추어 다니도록 애쓰는 것이 맞다고는 보나 각자 생각이 다르고 운행하는 데 있어 변수가 많아 쉽지 않은 부분이다.

특히나 출퇴근 시간에 간격 맞추기란 쉽지 않을뿐더러 차와 승객이 많아 한 탕 도는 데 소요되는 운행 시간에 맞춰 운행하기란 더욱 쉽지가 않다. 하지만 조금 늦더라도 동료들을 배려하는 맘으로 운행을 한다면 모두가 더 여유 있는 운행이 되므로 신호위반이나 과속이 줄어들지 않을까 하는 생각을 해 본다. 회사에서 신호위반 하지 말라고 하는 이유가 사고 날 확률이 높다고 생각하기 때문일 것이다. 그러나 단지 신호위반 자체로만 사고가 나는 확률보다 조급한 마음이 앞선 상태에서 전방주시도 제대로 못 하고 있는 상황에서 신호위반을

버스 기사가 직접 쓴 안전 운행의 노하우

했을 때 사고 확률이 높은 것이다. 다시 한번 언급하지만 신호위반을 자주 하는 사람이라고 사고가 날 확률이 높은 건 절대 아니다. 한 번의 신호위반으로 벌어졌던 앞차와의 간격이 좁혀지거나 간격이 맞춰진다면 더 여유로운 운전이 될 수 있으므로 신호위반 했다고 사고 확률이 꼭 높은 것은 아니다. 신호위반으로 앞차와 붙어 다니는 사람은 사고 날 확률이 거의 없다고 해도 과언은 아닐 것이다.

그래서 몇 년 버스 운행 경험으로 깊이 생각을 해 본 바 회사에서는 신호위반이나 과속을 하지 말라고 하기보다는 운행 질서를 바로잡는 데 힘을 더 기울인다면 현재보다 신호위반, 과속 심지어는 사고까지도 줄일 수 있을 거라고 나는 장담한다.

15. 잦은 시내버스 사고는 왜 날까

가) 안전운전의 기본

버스 안전운전을 위한 몇 가지 주의사항을 준수하는 것이 중요하다.

① 집중력 유지: 운전 중 집중력을 최대한 유지하고 스마트폰이나 기타 장비 사용을 피하고 주변 환경에 집중해야 한다.

② 속도 조절: 항상 도로 조건과 교통상황에 맞는 적절한 속도를 조절하여 안전을 유지한다.

③ 신호 및 표지판 준수: 교통 신호와 도로 표지판은 잘 따라야 하므로 신호를 무시하지 말고 운전에 필요한 정보를 제공하는 표지판을 주시해야 한다.

④ 차간거리 유지: 앞차와의 안전한 거리를 유지해서 급제동시 추돌을 예방하여야 한다.

⑤ 운행 환경 파악: 도로 상태나 교통 상황을 파악해 예상치

못한 위험을 방지해야 한다.

⑥ 승객 안전: 승객들의 안전을 최우선으로 생각해야 한다. 승객을 급정거나 급가속으로 인해 넘어지지 않도록 주의해야 한다. 부득이하게 급정거나 회전 등을 할 때에는 승객들에게 손잡이 꽉 잡으라고 사전에 알리는 것도 도움이 된다.

⑦ 운전자 휴식: 운전 중 피로를 느낄 수 있으므로 사전에 충분한 휴식을 취해야 운전 업무를 안전하게 수행할 수 있다.

⑧ 실제 버스 운전 중 사고 방지: 우선적으로 정신 집중하여 전방주시를 철저히 하고 사고의 위험성을 예견하며 운전한다. 아울러 무리한 과속을 자제하고 차를 자신이 컨트롤할 수 있는 상태에서 운전을 해야 한다. 위험하거나 통행 우선권이 상대방에게 있는 경우 정지하거나 양보하여 사고 위험에 휩싸이지 않도록 방어 운전을 하여야 한다.

이와 같이 안전운전의 기본을 실천함으로써 버스 운전을 안전하게 할 수 있다. 운전하는 사람에게는 언제나 안전운전이 제일이다.

나) 차고지 주차장 사고 줄이는 방법

차고지 주차장 사고는 어느 회사든 안 나면 좋겠지만 어떤 이유에서든지 나게 되면 주차장 사고는 좀 안타깝기는 하다. 조금만 집중하면 나지 않을 사고라는 생각이 들어 더 그렇다. 나도 올해로 버스 생활 9년째인데 지금도 주차장 사고가 날까 두려워서 차고지에서도 방심하지 않고 더 집중해서 앞, 옆, 뒤 보고 또 보고 조심조심 주차한다. 모든 사고가 그렇지만 주차장 사고도 1~2초만 잠깐 방심해도 날 수 있는 게 주차장 사고인 듯하다. 주차장 사고 중 약간의 경사진 곳에 주차해 놓는 경우 싸이드를 채우지 않아 일어나는 사고는 정말 더 안타까운 사고 중 하나다. 경사가 좀 있는 곳은 바로 굴러가기 때문에 싸이드를 채웠는지 안 채웠는지 바로 확인이 되지만 평지 같은 미세하게 경사진 곳이 문제다. 처음에는 싸이드를 채우지 않아도 버스가 굴러가지 않는다. 그러나 운전자가 내리고 한참 후에 굴러갈 수 있기 때문에 큰 인명과 재산피해로 이어질 수가 있다. 그래서 싸이드를 채우는 것을 습관화하고 채웠는지 다시 한 번 확인하는 습관까지도 가질 필요가 있다. 주차장 사고가 자꾸 나는 걸 몇 번이고 목격하면서 주차장 사고는 왜 자꾸 나는 걸까 생각해 보게 되었다.

먼저 사고 유형은 이랬다. 앞뒤로 나란히 두 대를 주차해 놓

버스 기사가 직접 쓴 안전 운행의 노하우

있는데 앞차가 뒤로 후진을 해서 나가야 하는 상황이었는데 후진 기어 넣고 뒤를 확인도 하지 않은 채 액셀을 밟으니 멀리서 들어도 '꽝' 하는 소리가 나서 가 보았더니 뒤에 서 있던 차량 앞 유리 범퍼가 아작이 났다.

또 운행 출발 시간이 늦었는지 차고지서 액셀을 막 밟고 출발하더니 주차장 입구 쪽에 주차해 놓은 버스 운전석 쪽 뒤 범퍼를 긁으면서 내려가더니 운전하던 차 옆구리를 쫘악 긁는 사고도 봤다. 직접 눈으로 목격한 사고 외에도 다양하게 나는 주차장 사고 소식을 들었다.

백미러를 쳐서 부러뜨리는 사고 등 주차하면서 후방카메라가 있는 경우에도 뒤를 확인하지 않아 뒤 범퍼 돌에 부딪혀 깨지는 경우 어떤 경우는 퇴근하면서 주차한다고 한 것이 뒤차와 너무 가까이 붙인 나머지 뒤차 백미러가 꽉 끼일 정도로 주차하고 확인하지 않고 퇴근하는 등 주차장 사고는 여러 형태로 나지만 몇 가지 유의한다면 안타깝게 나는 주차장 사고는 줄 일 수 있거나 나지 않게 할 수도 있다.

주차장 사고 줄이는 방법을 나열해 보면,

① 운행할 때와 마찬가지로 집중해야 한다. 방심은 절대 금

물이다. 사람은 생각하는 동물이라 딴 생각하다가 집중 못 할 때가 있다. 또한 모든 사고가 거의 그렇듯 주차장에서도 여유 있는 운전을 해야 한다. 한 탕 돌고 차고지에 들어오면 해야 할 일이 많을 때가 있다. 검차, 주유, 세차, 수리, 청소 등 요소수도 넣고 밥도 먹어야지 때에 따라서는 시간이 부족할 때가 있다. 또한 빨리 퇴근하고 싶은 마음에 조급함이 더해져 주차장 사고를 일으킬 가능성이 매우 높다. 그래서 바쁘더라도 좀 더 여유 있는 마음을 가진다면 주차장 사고는 줄일 수 있을 것이다.

나도 버스 운전한 지 얼마 안 되었을 때 백미러가 깨지지는 않았지만 주차장에서 백미러 건드리는 일이 몇 번 있었다. 운전 미숙인 것도 있었지만 운행 후 어떤 날은 주유하고 밥 먹고 검차하고 청소하고 요소수를 채우다 보니 바쁠 때가 있었다. 조급한 마음에서 운전 조작을 한 게 원인이었다는 것을 나중에서야 알게 되었다.

② 차고지에서도 차대 차 사고가 많기 때문에 옆에 주차해 놓은 차들을 잘 살피면서 천천히 운전 조작을 해야 한다.
③ 감정 조절을 잘 해야 한다. 운행하다 앞차와 벌어져서 들어왔다고 차고지 도착해서도 감정 조절이 안 돼 차를 험

버스 기사가 직접 쓴 안전 운행의 노하우

하게 다루다 못해 운전 조작을 빨리 하다 보면 주위를 살필 겨를이 없을 수도 있기 때문이다. 운행 출발 전에도 미리 운전석에 앉아 운행 준비를 하고 있다가 출발하는 것이 조급한 마음이 들지 않으므로 차고지 내 사고 줄이는 방법 중 하나라고 본다.

④ 운행 종료 후 집에 빨리 가야겠다는 마음으로 서두르다 나는 사고도 꽤나 봐 왔다. 본인이 차를 박았는지도 모르고 퇴근하는 경우도 종종 있었다. 주차를 했다면 잘되었는지 뒤까지 확인하고 퇴근하는 것이 맞다고 본다.

⑤ 후방 카메라도 없고 봐주는 사람도 없어 주차할 때 미심쩍다면 반드시 내려서 몇 번을 확인하면서 주차할 필요가 있다. 몇 가지를 나열해 봐도 주차장 사고는 주의 깊게 앞뒤 사방 잘 살피고 집중하고 여유 있게 운전 조작하는 것이 주차장 사고를 줄이는 방법이라 할 수 있다. 만일 주차가 자신 없거나 후방 카메라가 없는 경우 동료들에게 뒤 좀 봐 달라고 하거나 주차할 위치에 주차가 자신 없다면 자신 있는 곳에 주차를 하는 것이다. 또 정말 자신이 없는 주차 공간이라면 동료들한테 부탁해 대신 주차해 달라고 하는 것도 주차장 사고를 줄일 수 있는 방법 중 하나라고 할 수 있겠다.

나는 버스 운전 9년째이지만 지금도 운행 종료 후 배차실에서 간혹 주차 자신이 없는 곳에 주차하라고 하면 동료나 주임님한테 대신 주차 좀 해 달라고 부탁할 때가 있다. 자존심 내세우다 사고 내는 것보다 나으니 그 방법을 택한다.

다) 전방주시 소홀로 인한 안전 불이행 사고

전방주시 소홀로 인한 안전 불이행 사고는 버스 운전 중에 심각한 사고를 초래할 수 있는 요인 중 하나다. 이는 운전자가 전방의 도로 상황에 충분히 주의하지 않거나 교통 규칙을 어기는 등의 행동으로 나타날 수 있기 때문이다. 전방주시 소홀로 인한 사고의 몇 가지 예시는 다음과 같다.

① 차량사고: 전방의 있는 차량의 움직임을 충분히 주시하지 않아 차량과 충돌이 발생할 수 있다. 예를 들어 차량의 급제동이나 급가속에 대응하지 못해 사고가 발생할 수 있다.

② 보행자 사고: 전방에 보행자가 건너는 도로를 제때 인지하지 못해 보행자와의 충돌이 발생할 수 있다. 횡단보도나 보행 신호를 무시하거나 보행자의 우선권을 인지하지 못해 사고가 발생할 수 있다.

③ 장애물 사고: 전방에 떨어진 물체나 장애물이 있는데 이

버스 기사가 직접 쓴 안전 운행의 노하우

를 제때 인지하지 못해 충돌이 발생할 수 있다.

전방주시 소홀로 인한 사고를 예방하기 위해서 다음과 같은 조치를 취하면 사고를 줄일 수 있을 것이다

① 주의 집중: 운전 중에는 항상 주의를 집중한다. 전방도로 상황을 주시하고 주변 환경에 대한 정보를 수집한다.
② 안전거리 유지: 전방 차량과의 안전거리를 유지한다. 충돌을 예방하기 위해 충분한 간격을 유지하는 것이 중요하다.
③ 교통 규칙 준수: 교통 규칙을 엄격히 준수한다. 신호를 잘 지키고 우선권을 인지하고 보행자와의 교류를 존중한다.
④ 운전자로서의 에티켓: 다른 운전자와 보행자를 배려하고 존중하는 태도를 갖는 것이 중요하다.
⑤ 인사 금지: 운행 중 서로 다른 버스들과 교행하면서 인사하는 경우에 전방주시 소홀로 예기치 못한 사고로 이어질 수가 있다. 그러기 때문에 인사는 가급적 하지 않는 것이 안전하다. 하게 되더라도 전방주시하면서 간단히 손 올리는 정도는 괜찮겠지만 고개를 돌려가며 인사하는 경우에는 큰 사고로 이어질 수가 있다. 인사 금지에 관한 얘기를 덧붙이자면 잠시 고개를 돌려 인사하기까지 1~2

초밖에 걸리지 않는 시간일지라도 전방에 차량이나 보행자나 장애물이 있다면 급제동을 할 수밖에 없는 상황에서는 큰 사고로 이어질 수도 있다. 몇 년 버스 운전하는 동안 여러 회사에서 인사하다가 큰 사고가 몇 건 있었기에 회사에서도 교행 중 인사하지 말라고 강조하고 있는 부분이다. 선배들은 후배들이 인사 안 한다고 뭐라 할 수도 있겠다. 하지만 나의 안전이 우선이란 걸 명심할 필요가 있다. 각자 개개인의 안전은 각자 스스로가 지키며 전방주시 소홀로 인한 사고는 심각한 결과를 초래할 수 있으므로 안전운전에 최선을 다하고 책임감 있게 운전하도록 노력해야 한다.

⑥ 핸드폰 사용 금지: 운전 중 핸드폰 사용은 위험한 행동이다. 통화나 핸드폰 만지다가 전방 소홀로 인한 사고로 이어질 수도 있기 때문에 운전 중에 핸드폰 사용은 금지라며 계속해서 나오고 있는 얘기다. 그러나 운전 중 핸드폰을 사용하는 것을 다른 시각에서도 볼 수가 있다. 만일 장시간 버스 운행을 하다 보면 긴급한 전화가 올 수도 있고 어쩔 수 없이 통화를 해야만 하는 경우가 있을 때도 있다. 난 1년 전엔 버스 운행 중에 통화하지 않으려고 핸드폰을 진동으로 해 놓고 운행을 했었다. 가끔 동료들이 급하게 전화를 했는데 받질 못해서 난감할 때가 여러 번

있었다. 제발 전화 좀 받으라고 사정했다. 그 이후부터는 벨로 해 놓고 회사나 동료로부터의 전화는 스피커폰으로 해 놓고 운전 중이라며 잠시 용건만 간단히 하고 끊는다. 그래서 운전 중 통화는 위험하지만 누구에게나 긴급 통화는 있을 수 있으니 전혀 못 하게 하는 건 아니라고 본다. 회사에서도 긴급할 때는 운행 중에 전화를 하기도 하니 운전 중 통화금지라고는 하지만 최근엔 크게 제재를 하지 않는 것 같다. 운전 중 통화금지 제재를 하지 말아야 하는 진짜 이유가 있다.

버스 운행 중 집안일이든 또 다른 긴급한 일이 있을 경우 통화를 꼭 해야 되는 상황에서 몇 시간 동안 통화를 하지 못한 채 계속 운행하다가 운전에 집중을 못 해 더 큰 사고로 이어질 수도 있다는 생각도 해 본다. 그러나 운전 중 통화는 정말 위험하므로 운행에 집중을 하면서 용건만 간단히 하는 것이 답이라고 생각한다.

라) 개문발차 사고

개문발차란 문이 완전히 닫히기 전 열린 상태에서 차를 출발시키는 것!

문이 닫히기 전에 버스를 출발 시킨다는 것은 승객이 안전하게 승하차하기 전에 출발을 했다는 얘기도 되는 것이다. 그런 경우에 승객이 하차 도중이었다면 문에 끼인 채 딸려가는 경우 혹은 추락하는 경우가 있어 최악엔 사망에 이를 수도 있는 사고가 될 수도 있다.

예전엔 개문발차 사고가 빈번하게 일어나다 보니 뉴스에 시내버스 사고 하면 개문발차로 인해 승객이 전도되는 사고, 문 끼임 사고 등의 뉴스가 많이 보도되었다. 그러나 요즘 시내버스에는 개문발차 사고를 방지하기 위해 가속페달 잠금장치라고 해서 버스 뒷문(앞문은 없음) 하차 문이 닫히지 않은 상태라면 액셀레이터가 작동되지 않는 구조적 안전장치를 설치해서 개문발차 사고를 예방하고 있다. 뒷문이 완전히 닫히기 전에 액셀을 밟으면 시동이 꺼지기도 한다. 또한 차가 고장인 듯 액셀을 밟아도 나가지가 않는 차도 있다. 액셀을 밟아도 차가 안 나가는 것이 개문발차인 것도 모르는 신입들은 차가 고장이라고 생각하고 정비과로 전화하는 경우도 있다. 모든 버스에 가속페달 잠금장치를 설치한 최근에는 개문발차 사고가 예전보다 많이 줄어든 건 사실이다. 하지만 차량마다 안전장치가 똑같이 작동하는 것이 아니기 때문에 안전장치를 다 믿으면서 운행해서는 안 된다. 가속페달 잠금장치가 정상 작동되는지 수시로 확인할 필요가 있다. 그리고 액셀을 밟지 않

버스 기사가 직접 쓴 안전 운행의 노하우

고 클러치 페달만 발을 떼도 개문발차가 될 수 있기 때문에 항시 출발할 때는 승하차 문이 완전히 닫혔는지 확인한 상태에서 출발해야 한다. 그래야 만약에 일어날 수 있는 개문발차 사고로 인한 인명피해와 운전자의 불이익을 막을 수 있다.

개문발차 사고가 나지 않게 하는 또 다른 방법은 승객이 승하차를 모두 제대로 했는지 백미러, 룸미러, 싸이드미러로 모두 확인한 후에 뒷문 닫힘 레버를 작동시키고 뒷문이 끝까지 닫혔는지를 확인하고 출발한다면 개문발차 사고는 일어나지 않을 것이다. 만일 뒷문 쪽 입석 승객이 많아 안전여부가 확인되지 않을 때는 "출입문 닫아요." "출발합니다." "손잡이 잘 잡으세요." 등의 육성으로 안내 방송 후 출발하면 개문발차 사고는 확실하게 예방, 방지할 수 있을 것이다.

또한 개문발차 사고의 요인은 여러 가지가 있다고 볼 수 있는데 또 다른 이유는 뭘까 생각을 해 보았다. 대부분의 사고가 그렇듯 운전 습관과 조급함이 앞서기 때문이다. 조급한 마음에서 승객이 제대로 승하차를 했는지 문이 닫혔는지 확인할 겨를도 없이 앞에 뻔하게 보이는 방금 터진 초록색 신호를 받고자 하는 마음에서 개문발차 하려는 의사가 강하게 나타난다.

그럼 왜 조급함이 생기는 걸까! 특히 손님 많고 차 많고 변수가 많은 출퇴근 시간에 혹여나 앞차와 벌어지지나 않을까 또는 벌어져서 승객을 많이 태우게 되면 힘들게 뻔하니 조급한 맘이 앞서게 마련이다. 매일 같이 같은 노선을 운행하다 보니 신호 체계도 다 알고 있어 어느 정도의 시간이면 눈앞에 보이는 신호를 받을 수 있는지도 다 안다. 신호를 꼭 받아야 된다는 조급한 마음에서 문이 닫히기도 전에 출발하려는 맘이 앞서게 된다. 개문발차를 하게 되면 차량 고장의 원인이 되기도 한다.

예) 문이 꽝꽝 닫히는 경우 등 문이 정상적으로 작동되지 않게 된다. 운행 자체가 되질 않는 경우도 있다.

그래서 개문발차 사고 또한 여유 있는 운전으로 예방, 방지 할 수 있기에 같은 노선을 운행하는 동료에 대한 배려운전이 절실하게 필요하다. 뒤차가 맞춰 오는지 벌어졌는지 인정사정 볼 것 없이 나만 편하겠다는 마음으로 운행하면 동료에게 조급한 마음을 가지게 할 수 있는 사고 유발자가 되는 것이다. 출퇴근 시간은 더더욱 간격을 맞출 수는 없지만 뒤차가 많이 벌어졌음에도 불구하고 앞차 바짝 붙어가는 행위는 근절되어야 할 것이다. 개문발차 사고 역시 운행 질서와도 무관하지 않다.

버스 기사가 직접 쓴 안전 운행의 노하우

마) 차내 안전사고

버스 사고 중 제일 많이 나는 차내 안전사고이자 낮다면 부상자가 많이 나오는 사고가 급정지 급제동 사고가 아닐까 싶다. 운행 중 급제동 급정지에 의한 사고는 주로 교차로 등 신호를 받으려는 의사와 함께 탄력으로 주행하고 있을 때에 황색 신호등 보고 주행하다 많이 일어나는 사고가 아닐까 싶다. 황색불이 들어와 갈까 말까 망설이는 사이에 적색 신호로 바뀌면서 횡단보도를 건너는 보행자를 확인했거나 다음 신호 떨어지기도 전에 반대쪽에서 출발하려는 것을 확인하고 급제동, 급정지 하는 경우, 평소에 단속 카메라가 있는 것을 알고는 있었지만 어쩌다 신호를 잘 받아 가속이 붙어 달리고 있는데 무심코 신호, 과속위반 단속 카메라 확인 후 카메라에 찍힐까 봐 급제동 하는 경우, 앞차와 안전거리 미확보 중 앞차가 급정지 했을 때 그런 경우에는 저속으로 운행 중이었다 할지라도 급정지했을 경우 차내 입석 승객이 많았다면 대형 사고로도 이어질 수가 있다. 교차로뿐 아니고 급정지 사고는 갑자기 끼어드는 타 차량으로 인해 급정지 하는 경우, 갑자기 나타난 보행자 등 돌발 상황의 급정지는 언제 어디서 어느 순간에 하게 될지 모르니 항상 집중하고 안전거리를 유지해야 하고 전방주시를 잘해야 한다. 황색 신호등은 애초부터 정지한다는 맘을 가지고 운행할 때 급정지 사고를 예방할 수 있을 것이다.

　운행 중 가속이 붙은 상태에서 급제동 급정지를 하면 대형 참사를 겪을 수도 있는 일이다. 그렇기 때문에 상황 따라서 황색 신호등에 건널 수밖에 없는 상황이라면 비상등, 상향등, 크락션 등으로 지나간다는 것을 주위에 알려서 급정지를 하지 말아야 한다.

　내가 현재 운행하고 있는 버스 노선 구간 중 버스 전용 도로 구간에 있는 교차로나 횡단보도에서 일어나는 급제동 급정지 사고들이 예전에는 많이 있었다. 그런데 몇 년 다른 노선 운행하다가 다시 와 보니 사고가 많아서인지 신호 체계가 살짝 바뀌어 있다. 몇 달 운행해 보니 참 잘 바꾸어 놓았다는 생각을 했다. 버스가 아닌 각기 다른 차를 운전하는 많은 운전자들도 같은 마음이 아닐까 하는 생각이 들었다. 버스를 운행하는 사람으로서 심적 스트레스가 많이 덜하다는 걸 느꼈다. 그건 바로 버스 전용차로의 횡단보도 신호다. 과거에는 차량 적색 신호로 바뀜과 동시에 횡단보도 신호가 동시에 터지는 것으로 설치가 되어 있었다. 그러다 보니 보행자들이 횡단보도 신호를 보기에 앞서 차량 신호등의 황색 신호가 들어오는 것을 보고 건너려는 보행자들이 많았다. 초록색의 횡단보도 신

　　버스 기사가 직접 쓴 안전 운행의 노하우

호가 아닌데도 그 누군가가 횡단보도를 건너려고 하면 가만히 서 있던 수많은 보행자들 따라서 건너곤 했다. 그래서 버스 전용 차선에서 탄력 주행하다 황색 신호등을 보고 급제동하는 경우가 적지 않았다. 그곳이 트라우마 구간이기도 했다.

이후 바뀐 신호 체계는 차량 적색 신호로 바뀌고 2~3초 후에 횡단보도, 보행자 신호가 들어오도록 설치가 되었다. 그래서 황색 신호등에 주행하다 무리하게 급정지, 급제동하지 않아도 된다. 여유 있게 지나가도 안전하다는 것을 모두 알게 되었을 것이다.

그래서인지 요즘 사고가 잦던 그 버스 전용도로 구간에서 난 사고를 9개월 동안 한 번도 목격하지 못했다. 같은 노선을 운전하는 동료들도 현재까지는 없었다. 보행자들도 동시에 신호가 바뀌지 않으니 더 여유 있게 횡단보도 신호를 기다리는 것 같다. 그런데 그걸 이용해서 황색등에 넘어가려는 버스 운전자들이 대부분인 것 같다. 황색등에 넘어가더라도 마음은 무지 편하다. 나 같은 경우는 앞차랑 간격이 맞거나 벌어졌다면 황색등에 넘어가지만 조금이라도 앞차와 간격이 좁혀졌고 뒤차가 벌어졌다면 황색등에는 무조건 정지한다.

전국적으로 신호 체계가 이런 식으로 많이 바뀌어진다면 교통사고는 많이 줄지 않을까 하는 생각을 해 본다.

그렇다면 황색 신호등일 때 어떻게 해야 하는가?

운행하면서 앞뒤 차와 벌어지지 않고 간격이 맞게 운행되고 있다면 위험을 감수하면서까지 황색 신호등에 넘어갈 이유는 없을 것이다. 매일 몇 번씩 운행하는 도로의 신호체계를 다 알고 있기 때문에 조급하지 않다면 황색등 들어올 걸 예상하고 미리 속도를 줄여 서서히 안전하게 정지하는 것이 맞다. 그러나 앞차와는 벌어지고 뒤차는 어쩔 수 없이 붙어 운행되고 있을 때가 문제다. 나는 처음 버스 운행하면서 신호체계를 잘 몰랐을 때는 황색등이 들어왔을 때 넘어갈까 말까 망설이다 급감속, 급정지를 살짝 몇 번 한 적이 있어 황색 신호등이 위험한 존재라는 것을 알게 되었다. 황색 신호등에 통과하다 사고가 날 경우 신호위반이기 때문에 상대적으로 가해 사고자가 될 확률이 높다.

황색 신호등 관련해서 선배님들한테 물었더니 하나같이 그럴 때는 과속, 신호위반 과태료 10만 원 안 내려고 급정지라도 하다가 차내 승객들 대거 넘어뜨리는 것보다 나으니 가속이 붙었다면 비상등 켜고 안전 살피며 넘어가는 게 낫다고 조언해 주었다. 조언 삼아 그렇게 했더니 앞차와 벌어질 확률도 적고 간격 맞추기도 수월해서 더 여유 있게 운전할 수 있고 또 다른 신호를 무시할 일이 적어진다는 것도 알았다. 그래서 나

버스 기사가 직접 쓴 안전 운행의 노하우

의 운행 루틴을 어느 날부터 황색 신호등에 넘어가서 간격이 더 잘 맞고 여유 있게 운행할 수 있고 안전하다고 확신했을 때 황색 신호등에 넘어가자고 결정했다. 만일 황색 신호등에 넘어가서 앞차와 붙거나 간격이 맞지 않을 것 같다면 정지하는 걸로 정했다.

이 책을 읽는 독자들이 있을진대 이런 내용의 글을 다루면서 신호위반을 하고 있다는 것이 말도 안 되는 것이라고 할 수 있겠지만 실제 현장에서 버스 운행하면서 이유야 어찌됐건 황색 신호등은 당연지사고 적색 신호를 위반 하는 사례도 생각보다 많다는 것이다.

운행하면서 여유 있는 운전이 무엇보다 중요하지만 앞뒤 간격 신경 안 쓰고 빠르면 빠른 대로 늦으면 늦는 대로 운행한다면 동료나 승객들이 힘들어질 수도 있다. 간격 맞추면서 운행하려 애써도 안 될 때가 많지만 동료 간의 배려운전은 신경을 꼭 쓸 필요가 있다고 본다.

간격 조절을 위해 첫 번째로 할 수 있는 것이 앞차와 조금 붙었을 때나 뒤차가 조금 벌어졌을 때는 신호 하나 끊어 주는 것이다. 이미 많이 벌어졌거나 바짝 붙었을 때는 신호하나 끊기도 힘들뿐더러 끊는다 해도 큰 효과를 거두기 힘들어 벌어진 뒤차는 따라오기가 쉽지 않을 것이다. 또한 앞차랑 붙었다면 아무리 슬슬 기어 운행한다 하더라도 좀처럼 벌어지지도 않는다. 개중에는 고무줄 운행을 하는 동료도 있다. 고무줄 운행이란 뒤차 버리고 앞차 바짝 쫓아가다 어느 순간 가지 않고 한참을 서 있다가 잠시 후 또 막 달리기 시작한다. 반복적으로 그렇게 운행을 한다. 뒤 순번에서 운행하는 사람의 스트레스는 배가 된다. 그렇게 운행하면 동료가 힘들어진다는 것을 정말 몰라서 그렇게 운행을 하는 건지는 알 수가 없다. 뒤차는 포기하지 못하고 따라가다가는 차내 안전사고로 이어질 가능성이 매우 높다.

그러니 급정거, 급제동 등으로 인한 차내 안전사고 이유 역시 조급한 마음이 앞선 상태에서 운행을 해서일 것이다. 배차 간격, 차고지 일찍 도착해 휴식 시간을 더 확보하기 위해 지정체로 인한 운행 지연을 대비해서 앞차랑 붙어 운행하려는 행위는 좋지 않은 운전 습관으로 다른 동료들의 차내 안전사고를 발생케 하는 장본인이 될 수도 있다는 것을 명심할 필요가 있다.

또한 차내 안전사고 중 급출발의 관한 얘기도 빠질 수가 없다. 급출발 사고 역시도 조급함 때문에 일어날 수 있는 사고 중 하나다. 급출발 사고란 차량이 갑자기 급격하게 출발하여 발생하는 사고를 의미한다. 차량마다 좀 차이가 있을 수는 있다. 동일한 운전 습관으로도 차량의 브레이크, 엔진 등 비정상적으로 작동되어 예기치 못하게 급출발이 되는 경우도 있다. 그래서 정기적인 차량 점검이 필요하다. 차량을 출발할 때는 부드럽게 가속하여 서서히 속도를 늘리는 것이 중요하다. 급격한 페달 밟기는 급출발 사고를 유발시킬 수가 있다. 앞에서 개문발차에 대해 언급했는데 하차 문이 다 닫히기 전에 출발하는 것도 회사의 운행 관리어플을 통해 급출발에 해당한다는 것을 알았다.

급출발 사고 역시도 조급한 마음 때문에서 일어날 수 있는 사고지만 사고 방지를 위해서는 운전 조작을 살살 하는 것이 효과적이다. 출발할 때는 먼저 2단 기어를 넣고(내리막길은 3단 기어 가능. 급경사는 4단도 가능) 클러치에서 발을 지그시 떼면서 서서히 바퀴가 굴러갈 때 3단 기어를 넣고 지그시 가속페달을 밟아 주면 부드럽고 꿀렁거리지 않게 출발이 된다. 평지에는 2단에서 클러치를 뗐는데 바퀴가 순조롭게 굴러가지 않는다면 액셀을 지그시 밟아 가속이 붙었을 때 3단을 넣고 지그시 액셀을 밟으며 출발한다. 물론 차마다 좀 다를 수는 있다.

옷긴 건 부드럽게 출발되지 않던 차량도 부드럽게 출발되는 차로 변화시킬 수 있다는 것이다. 사람도 마찬가지지만 차도 길들이기 나름이라는 것을 몇 년 버스 운전하면서 알게 되었다. 차량 이상으로 인한 급출발 문제보다는 실제로 일어나는 급출발 사고는 차량 급출발로 인한 버스 승무원의 잘못된 운전 습관이 문제일 수 있다. 출발할 때 입석한 승객은 손잡이를 잘 잡고 있어야 하는 것은 당연하다. 출발을 했음에도 손잡이를 잡지 않고 있다가 잡으라는 소리를 들어야 그때서야 잡는 승객들도 있다. 정차 시에 승객들이 자리 이동을 하는 것도 신경 쓰이는데 운행 중에 자리 이동을 하는 거동이 불편한 승객도 있으므로 항시 룸미러를 확인하는 습관을 들여야 한다. 노약자들은 움직이는 폭탄과도 같다. 또한 노약자들은 급출발이 아닐지라도 도로 노면이 고르지 않은 상태에서 서서히 출발을 했을지라도 눈 깜짝할 사이에 전도사고가 일어날 수 있는 때문에 거동이 불편한 노약자가 승차했다면 더더욱 룸미러를 수시로 확인해야 한다. 육성으로 안내방송을 해서 차내 안전사고가 없도록 각별히 신경을 써야 한다.

또한 승차 후 노약자 승객들은 모두 자리에 착석한 걸 확인하고 출발해야 사고를 예방할 수 있다. 미세한 차의 흔들림에도 노약자들은 넘어질 수 있기 때문이다. 혹여나 급출발을 했다 하더라도 사고를 예방하기 위해서는 착석유무 확인하고 육성으로 출발한다고 하거나 손잡이 잘 잡으라 하고 스무스하게 운전한다면 급출발로 인한 사고는 예방할 수 있다. 손잡이를 잡으라고 했는데도 불구하고 잡지 않아 난 사고에 대해선 기사가 잘못이 없다면 면책 가능성의 소지가 있다. 그러나 차내 사고로 물고 늘어지면 당할 자 없을 테니 노약자 승객 승하차 하기까지는 배로 신경을 써야 한다.

버스 내 안전사고 원인은 차량 급제동, 승객 부주의로 인한 사고, 다른 차량과 접촉사고, 차량 급출발, 갑작스런 차로 변경 등으로 나는 사고가 대다수이다.

버스 승무원은 직접 버스를 운행하기 때문에 승객의 안전을 책임지는 매우 중요한 역할을 한다. 이에 따라 차량 급제동, 급출발 등 버스 승무원의 잘못된 운전 습관은 승객 안전에 직접적인 영향을 미칠 수 있기 때문에 잘못된 운전 습관은 하나씩 고쳐 나가려는 마음이 매우 중요하다. 버스 승무원은 차내 전도 사고를 예방하기 위해서는 승객이 승차 후 좌석에 앉거나 입석한 승객의 안전을 위해 출발, 정차할 때도 천천히 가감속을 해야 한다. 또한 승하차 시 개문발차, 문 끼임 사고를 예방하기 위해 승하차를 제대로 했는지 룸미러, 백미러를 확인한 후 문을 닫고 출발해야 한다.

버스 차내 안전사고가 자주 발생하는 곳이 정류장이므로 정류장에 들어갈 때나 정차할 때나 출발할 때는 급제동이나 급출발하지 않도록 집중을 많이 해야 한다. 정차 후에 자리에서 일어나라는 안내 방송을 수도 없이 들었을 텐데도 불구하고 본인이 몸이 불편해 빨리 내리지 못해 여러 사람한테 민폐를 끼칠까 봐 차가 출발함과 동시에 일어나는 특히나 거동이 불편한 승객들을 주시해야 한다. 그와 반대로 젊은 친구들은 의자 맨 뒤에 앉아 있다가 정류장에 정차해서 문 열고도 반응이 없어 "내릴 분 안 계세요?" 하면 그때서야 "내려요." 하면서 문 앞에 걸어 나와서는 카드를 그때서야 찾는다. 그리고 미안하다는 말 한마디 없이 천천히 내린다. 운전하면서 많이 느끼는 거지만 젊은 사람들은 버스가 정차(신호 대기 중이나 그 외서 있을 때)하고 있을 때 정류장 도착하기 전에 미리 나와 있으면 좋겠고 노약자들은 완전 정차 후에 일어났으면 좋으련만 반대다.

특히나 차내 안전사고 중 이런 분들을 조심해야 한다. 60대

버스 기사가 직접 쓴 안전 운행의 노하우

이상의 여자 승객들을 조심해야 한다. 버스 차내 사고 중 고관절, 허리, 골절 등의 고액의 치료비가 회사로 청구되는 경우가 많은데 대부분이 뼈가 약한 60대 이상의 여성 승객이 많다는 것이다. 룸미러, 백미러 제대로 확인 안 한 채 운행하다가는 한순간에 골로 갈 수가 있다. 그렇기 때문에 노약자나 60대 이상의 여자 승객이 승차했다면 더 집중해서 운행을 해야 한다. 울퉁불퉁한 도로에서는 당연히 더 집중을 해야 하겠지만 도로 노면이 양호한 상태에서 10~20km로 운행해도 손잡이 잡지 않거나 정차 전 자리에서 미리 일어나 걸어 나오는 승객이 전도되지 말라는 법 없다. 좋지 않은 도로에서는 룸, 백미러를 더 수시로 확인할 필요가 있다.

어디선가 설문조사 한 것을 본적이 있는데 차내 안전사고가 제일 많이 발생하는 곳은 정류장이라고 한다. 많이 발생하는 요일은 승객이 좀 더 많은 월요일과 금요일이고 시간대는 출퇴근 시간에 발생률이 높게 나타났다. 계절별로는 개학 시즌인 3, 4, 5월에 차내 안전사고의 비중이 높다는 것이다. 그런데 지난해 내가 몸담고 있는 회사에서는 봄 개학 시즌엔 사고가 별로 없었는데 가을 단풍철과 김장철에 나이 드신 60대 이상의 승객들이 얼마나 많은지 손에 무거운 짐 들고 가방 메고 단체로 버스에 타는 승객이 많아서인지 그때가 사고가 훨씬 더 많았다. 그러니까 차내 안전사고는 빠릿빠릿한 젊은 사람이 전도되는 확률보다 노약자 승객이 전도될 확률이 훨씬 높다는 결론이 나왔다. 사고 환자 대부분이 노약자 승객이라 해도 과언이 아닐 것이다. 그러나 어떤 승객을 태우든지 간에 운전하는 데 방심은 절대 금물인 거 같다. 항시 집중하고 방심하지 않도록 최선을 다해야 사고를 예방할 수 있지 않을까 하는 생각이다.

바) 운행 중 방향지시등, 비상등은 바로 사용해야

버스 사고 가해자가 됐다면 누구 탓할 것도 없이 100% 직접 운전한 버스 승무원의 과실이다. 하지만 몇 년 버스 운전하면서 가해자가 되기까지 또 다른 원인이 있다는 걸 알았다.

버스 운행하면서 여러 노선과 겹쳐 운행하는 구간도 많다. 출퇴근 탕에는 손님이 많으므로 당연 다른 시간대보다 배차 간격이 짧을 수밖에 없다. 그러다 보니 버스 정류장에서 승객을 태우려는 버스가 줄을 잇는다. 모두 바쁜 시간인데 앞뒤로 붙어서 운행하는 서로 다른 노선의 버스들도 신경을 쓰며 운행을 해야 된다.

또한 같은 노선의 버스들은 더 신경을 쓰며 운행을 해야 한다. 같은 노선의 앞차랑 붙어 여유가 있다고 뒤에 다른 노선의 버스들이 줄지어 서 있다는 것은 신경도 쓰지 않고 혼자만 생각하며 아무 생각 없이 운행한다면 바로 뒤에 서 있는 다른 노선의 뒤차들 사고 내게 할 사고 유발자가 될 수도 있다. 같은 노선 앞차랑 벌어져서 조급함을 가지고 운행하는 승무원도 있을 수 있을 테니 말이다. 그러다 보니 정류장 맨 앞에서 승객을 한참 동안 태우고 있거나 느긋하게 운행하고 있는 차량을 추월해서 가려는 버스 차량이 사고를 낼 가능성이 높다. 정류장에서 승객을 태우던 앞에 있던 버스가 시간을 소요시켰기에 조급한 마음이 생긴 상태이기 때문에 더 그러하다. 넓은 도로라면 덜하겠지만 좁은 도로에서의 추월은 위험한 행위다.

과거 좁은 도로 그런 구간에서 추월해 가다 여러 명의 인사사고를 내고 사직한 승무원도 봤다. 그때의 그 사고는 여러 노선 중에 유독 천천히 운행하는 노선이 있었는데 그 노선만 출퇴근 시간이고 그 외 시간이고 할 것 없이 그 좁은 구간에서 30km로 운행을 하는 경우가 많았다. 그렇게 천천히 다니니 뒤따라 가던 승객 많고 바쁜 노선의 버스는 위험하게 추월을 선택할 수밖에 없었을 것이다. 운행하다 그 노선의 버스가 앞에서 보이기만 해도 머리가 쭈뼛쭈뼛 설 정도였으니까 알 만하다. 비록 다른 노선일지라도 같은 버스 운행을 하는 입장에서 서로에 대한 배려가 필요하다고 생각한다. 좁은 도로라도 어딘가에서 추월할 수 있는 공간이 있을 것이다. 앞차의 배려가 없다면 사고로 이어질 수도 있기 때문에 반드시 배려심을 발휘할 필요가 있다.

버스 운행하는 데 있어 앞에 가는 다른 노선의 버스를 추월한다? 정류장에서 승객 태우고 있는 차량을 넘어간다? 원칙으로 매너 없는 행동이지만 30~40km로 심지어는 20~30km의 속도로 가면서 다른 차량들을 가지 못하게 계속적으로 그렇게 운행하는 버스도 있다. 그런 차량들은 여유가 있기에 정류장에서 승객 태울 때도 아주 느긋하게 한다. 그 뒤에 버스 4~5대가 꽁무니를 물고 서 있음에도 말이다. 한 탕 운행 시간이 여유 있는 차량들이라든지 같은 노선 앞차 바짝 붙어가는 차량 또는 한 바퀴 돌고 차고지 거의 다 와서는 시간이 남는 차들이 주로 그러하다. 그래도 양심은 있는 모양이다. 눈치보고 천천히 가는 걸 보면.

그러면서 편도 1차선에서 뒤차들 승용차 버스 포함 수십 대를 달고 가는 버스도 보았다. 빨리 가지 않을 것 같으면 다른 차들 먼저 가라고 추월 가능한 곳에서 한쪽으로 비켜서 다른 차들을 먼저 보내는 게 당연하다고 생각한다. 자신밖에 모르고 뒤차들을 전혀 신경 쓰지 않는 승무원도 있다. 그 뒤를 그속도로 졸졸 따라가는 승무원은 애간장이 타면서 조급함에 화딱지까지 날 것이다.

버스 기사가 직접 쓴 안전 운행의 노하우

몇 년 전 회사에서 앞차를 절대 추월해 가지 말라고 해서 그렇게 운행하다 사고 날 것 같은 일이 있었다. 나의 경험담을 얘기하자면 이렇다.

여러 노선이 겹치는 간혹 편도 2차선 도로가 있지만 거의 1차선이라 도로는 좁고 출근 시간에 승객은 많고 차들도 많은 시간. 내가 운행하는 버스의 배차 간격은 7분 간격. 다른 노선의 차와 차고지서 출발한 지 얼마 되지 않아 내 앞에서 다른 노선의 버스가 승객을 태우고 있었다. 참고로 그 도로는 1차선으로 맨 앞에 가는 버스가 승객을 거의 다 태우게 되는 노선이다. 한동안 가는 목적지가 거의 같기 때문이다. 그렇게 승객을 태우고는 30km로 간다. 승객도 천천히 태우지만 출발도 천천히 한다. 정류장 앞쪽으로 차를 쭈욱 빼서 승객을 나누어 태우면 되는데 혼자 다 태운다. 내 차는 승객이 없다. 그 차는 태운 승객을 하차도 시켜야 하므로 뒤차들은 더 미친다. 회사에서는 같은 회사 버스끼리는 절대 추월하지 말라고 했다. 추월하면서 운행한다고 해서 사고가 더 나는 건 아닌데 말이다. 같은 노선의 앞차와 벌어졌는데 추월을 하지 못한다면 사고로 이어질 확률은 훨씬 높다. 좁은 도로에서는 조급한 마음도 배가 될 테니 말이다. 추월하지도 못하고 따라가는데 추월해 넘어갈 공간이 있었으나 넘어가라고 하지도 않는다.

30분쯤 가다 보니 나와 같은 노선 앞차한테서 차가 고장 났냐며 전화가 온다. 7분 간격인데 앞차랑 13분으로 벌어졌고 뒤차는 1분으로 붙었다. 그래도 내 앞에 가던 다른 노선의 그 버스는 여전히 그 속도로 운행한다. 사실 그 차는 승객이 만 차니 빨리 갈 수도 없다. 할 수 없이 같은 노선 앞뒤 차 생각하고 승객 생각해서 추월을 안 할 수가 없었다. 추월해서는 그때부터 차가 망가질 듯 험하게 다루면서 액셀, 브레이크를 막 밟아대며 달렸다. 정말 사고 날 것만 같았다. 뒤차라도 붙어 오지 않았으면 맘이 조금 여유로웠을 텐데 내 앞에 가던 그 차와 내가 앞에서 승객을 다 태웠기 때문에 뒤차는 나랑 붙는 게 당연하다. 1분으로 붙어서 빈차로 슬슬 기어서 운행하고 있다.

추월! 안 된다지만 융통성 있게 서로 기분 좋게 해 주는 작은 배려가 사고를 줄이는 데 한몫한다고 말하고 싶다. 난 추월해야 할 상황이라면 추월을 해야 사고를 줄일 수 있다는 것을 장담하는 사람 중에 1인이다. 결국 앞에서 자신밖에 모르고 생각 없이 운전한 사람이 버스 사고 유발자가 될 수도 있는 것이다. 그러니 같은 노선이 아닐지라도 서로 같은 버스를 운전하는 입장에서 배려운전의 기본이 필요한 것이다.

버스 기사가 직접 쓴 안전 운행의 노하우

도로에서 다니는 모든 차들이 마찬가지지만 운행 중 도로에서 버스 운전자들 간의 소통할 수 있는 것은 방향지시등과 비상등이다. 덥고 춥고 눈, 비 내리는데 창문 열고 소통한다는 것은 차와 각도도 맞지 않을뿐더러 타임이 맞지 않으면 소통이 제대로 되지 않기 때문에 창문 여는 방법은 어쩌다 운전자들끼리 보였거나 그렇게 해도 소통이 가능하다면 그렇게는 할 수는 있지만 계속해서는 그 방법이 옳지 않다고 본다.

정류장으로 승객 태우려고 들어가는 차량은 비상등이 아닌 우측 방향지시등을 켜야 맞는 거다. 정류장으로 들어가는 이유가 승객을 태우기 위함이란 걸 누구나 다 알고 있을 것이다. 정류장에서 비상등을 켜고 정차해 서 있는 버스를 발견했을 때 버스가 금방 출발하지 않고 서 있는 버스를 뒤에서 보게 된다면 무슨 생각을 하게 될까! 버스가 고장이 난 걸까? 추월을 하라는 얘긴가 승객을 승차시키고 있다는 건지 알 수가 없다. 비상등은 비상시에 켜 주는 게 맞다고 본다. 버스 정류장에서 버스가 정차했다면 대부분이 승객을 태우고 있다고 생각한다. 그런데 비상등을 켰다면 무슨 일이 있다는 건지 추월해 가라는 뜻인지 아리까리하다.

승객을 다 태우고 출발할 때는 좌측 방향지시등을 켜는 게 맞다. 앞에 버스를 따라갈 때 앞에서 운행하는 버스가 방향지시등과 비상등을 어떻게 켜 줄 때 뒤에서 편한지를 알 것이다. 그렇다면 뒤에 가던 버스는 그렇게 하면 되는데 수많은 버스 기사들의 생각이 다 다르기도 하고 한 번 길들여진 운전 습관은 좀처럼 바꾸기가 힘들다. 바꾸려고 하는 의사조차도 없기 때문에 도로에서 편하게 소통하기란 그리 쉽지는 않은 부분인 것 같다. 비상등과 방향지시등을 제대로 사용하는 것이 도로에서는 최고의 소통이 아닐까 싶다. 추월 넘겨줄 때는 창문 열어 수신호로도 많이들 하지만 뒤차와 각도가 맞지 않으면 잘 보이질 않는다. 또한 추운 겨울철이나 비가 오는 날에는 창문 열어 수신호하는 것도 쉽지가 않은 부분이다.

반복적으로 계속 얘기하고 있지만 버스 승무원들 간의 소통을 위해서는 정류장에 들어갈 때는 반드시 비상등이 아닌 우측 방향지시등을 켠다. 그리고 뒤에 따라오는 버스들을 주시하며 승객을 태운다. 승객들을 먼저 생각해서 승객이 편리하게 승차할 수 있도록 앞문에 맞추어 정차하는 것도 좋지만 승객들이 어느 노선의 버스를 탈지 모르니 뒤에 다른 버스들이 서 있다면 정류장 맨 앞쪽으로 쭈욱 빼서 버스를 정차하면 뒤차들이 승객들 시선에 가까워져서 여러 대의 버스가 동시에 승객을 태울 수 있으므로 승객을 나누어 태우는 효과와 다음 신호 받을 확률이 더 높아진다. 그래서 조급한 마음도 덜할

버스 기사가 직접 쓴 안전 운행의 노하우

가능성이 높아 사고도 예방할 수가 있다.

만일 승객들이 맨 앞차만 승차한다고 100% 확신이 설 때 앞차는 뒤차가 추월하도록 허락한다면 그때 비상등을 켜 주는 것이다. 뒤에서 추월해 넘어간 버스는 다음 정류장에 먼저 가서는 또 그렇게 하는 것이다. 그래서 앞서거니 뒷서거니 하면 승객을 나누어 태우는 효과가 있기 때문에 여러 대의 버스가 조급한 맘이 덜해진다. 그래서 버스 운행하는 데 있어 서로가 스트레스도 덜할 것이다. 단, 앞에 선 차는 앞으로 차를 쭈욱 빼서 정류장에 서 있는 승객 유무를 뒤차들이 확인할 수 있도록 해 주어야 한다. 확인 제대로 못 하고 추월했다가 자칫 잘못하면 무정차로 걸릴 수도 있다. 가끔 수신호로 넘어가래서 넘어갔다가 무정차 걸린 승무원도 있었다.

앞차가 추월을 허락했다면 반드시 비상등을 켜고 추월하는 센스가 필요하다. 추월 넘겨주었는데 비상등 안 켜고 넘어가는 사람을 보면 기분이 썩 좋지는 않다. 뒤의 바쁜 버스들 앞에서 장시간 느긋하게 가는 차량을 짜증나서 할 수 없이 비상등도 켜지 않고 추월해 가는 승무원이 있기 전에 눈치껏 넘겨주면 서로 기분 좋게 스트레스 덜 받고 운행할 수 있을 것이다. 만일 뒤에 따라오는 버스들 중 백미러로 봤을 때 중앙선 차선을 넘나들고 가까이 따라오는 버스를 발견했을 때는 바쁘거나 먼저 갔으면 하는 버스다. 비켜 달라는 얘기니 추월할 수 있는 적당한 장소를 생각해 두었다가 추월 넘겨주면 감사하다고 할 것이다. 운행하면서 수시로 백미러를 확인해야만 뒤차들을 볼 수 있다. 뒤차들이 뒤에서 추월 가겠다고 바짝 붙어서 운전석 쪽 타이어가 중앙선을 넘나들어도 백미러를 잘 보지도 않고 앞만 보고 천천히 운전하는 사람이 의뢰로 많다.

이런 경우도 있다. 승객 많이 태우고 있으니 먼저 가서 승객 좀 나눠 태우자고 추월해 가라 했더니 비상등도 켜지 않고 넘어가더니 30km로 기어가는 승무원도 있다. 참 짜증나는 일이 아닐 수 없다. 정말 생각 없는 승무원이라고 생각하게 만든다. 한 가지를 보면 10가지를 알 수 있다던데 그런 생각을 하게 된다. 어떤 승무원은 정류장 들어가면서 우측 방향지시등을 켜는 게 당연하거늘 좌측 방향지시등을 켜고 정류장으로 들어가는 승무원도 있다. 승하차 손님도 많은데 말이다. 정류장에서 한참을 서 있을 상황인데 어떻게 해석을 해야 할지 난감하지 않을 수 없다. 추월은 어림 반 푼어치도 없다는 얘긴가! 그런 승무원을 몇 명 봤는데 평소에도 배려심이란 눈꼽만큼도 없는 승무원이다. 이미 그런 사람이란 걸 알아버린 승무원은 뒤만 따라가 봐도 그 사람인 줄 알 수가 있다. 평소의 운전 습관이 어떻다는 것을 알고 있는 승무원은 늘 그렇게 운전

버스 기사가 직접 쓴 안전 운행의 노하우

을 하기 때문에 알 수가 있는 것이다. 그러고 보면 한 번 몸에 밴 운전 습관은 정말 바꾸기가 쉽지 않은 게 맞다. 어떤 승무원 뒤에 따라가다 보면 뒤차를 배려하는지 알 수 있도록 운행하는 사람도 있다.

사실 운행하면서 승객들 때문에 스트레스받고 짜증나는 일도 많지만 일일이 말을 다 하지는 않지만 같은 도로에서 운행하는 동료 일수도 있고 타 회사 노선 승무원 때문일 수도 있고 스트레스받는 일이 적지 않다. 직접 노선에서 버스 운행하는 승무원이라면 그 느낌 다 알 것이라는 생각이 든다.

작은 배려를 받았거나 했거나 하면 기분 좋게 노선에서 웃으면서 운행할 수 있으리라 본다. 배려를 받았다면 감사하다고 짧게나마 비상등 한 번 켜 주고 가는 센스로 기분이 절로 좋아질 수가 있다. 그러나 노선에서 아예 방향지시등이나 비상등을 켜지 않고 운행하는 승무원도 있다. 도로에서 모든 운전자들 간의 소통인데도 말이다. 운전 습관을 조금은 바꿀 필요가 있다. 한 번 길들여진 운전 습관은 쉽게 바꾸기는 힘들지만 바꾸려고 노력한다면 분명 바뀔 수 있을 것이라고 본다.

간단하게 요약해서 좌우측 방향지시등, 비상등으로 제대로 소통하면서 운행하게 되면 사고도 예방하고 기분 좋게 운행할 수 있을 거라는 생각을 해 본다.

　다시 한번 이야기하자면, 정류장 진입 시 우측 방향지시등을 켜고 혼자 정류장에 정차한다면 앞문을 승객이 서 있는 곳에 맞추어 정차한다. 만일 뒤에 버스들이 함께 정류장에 정차하게 된다면 차를 앞으로 뺄 수 있을 만큼 빼서 정차한다. 승객이 많다면 나누어 태우는 효과가 있다. 승객들은 본인이 승차할 버스를 찾아 승차하므로 정차 시간을 단축시킬 수 있다. 승객을 다 태웠다면 좌측 방향지시등을 켜고 출발한다. 만약에 맨 앞차에만 승객이 탄다면 맨 앞차는 얼른 비상등을 켜서 뒤차 추월을 허락한다. 눈치 있고 바쁘다 싶은 승무원은 추월해서는 앞차가 한 것처럼 운행한다. 앞서거니 뒷서거니 그렇게 운행을 하게 되면 승객을 나누어 태우는 효과가 있어 같은 노선 앞차랑 벌어질 확률이 적어 사고를 예방하고 방지하는 데 큰 도움이 될 것이다.

사) 운행 질서

　몇 년 동안 버스 운전하면서 나 역시도 큰 사고는 아니지만 사고도 쳐 봤었고 다른 사람 사고 나는 걸 보면서 버스 사고가 잦은 이유는 뭘까 하고 오랜 기간 동안 생각해 보게 되었다.

버스 운행 중 사고는 여러 유형의 사고가 있다. 나열해 보면 신호위반 사고, 차선 변경 중 사고, 개문발차 사고, 급정지 사고, 급출발 사고 등 여러 유형으로 사고가 난다. 이 모든 사고가 나는 데에는 운전하는 운전자가 100% 과실이지만 거기에는 숨은 진실이 있었다. 결론부터 말하자면 노선 길고 여러 대의 버스가 운행되는 노선의 잦은 시내버스 사고는 운행 질서에 있다고 해도 틀린 말이 아니다. 이 진실을 찾아내기까지 몇 년이란 시간이 걸렸다. 회사에서는 신호위반 하지 마라, 개문발차 하지 마라, 급제동, 급정지하지 말고 승객들 착석 후 출발해라, 차로 변경 시 좌우 잘 살피면서 안전 운행하라고 하는데 끊이지 않는 버스 사고에는 분명 이유가 있었다.

버스 사고는 한 노선에 여러 대의 버스가 운행되고 노선은 길고 승객은 많고 차 막히는 구간도 있는 노선에서의 사고 발생률이 높다. 그 또한 이유가 있다. 다른 본문에서도 언급했듯이 여유롭지 못하고 조급한 마음에서 운행할 때 사고는 더 발생하게 마련이다.

그렇다면 운행 질서가 어떨 때 사고가 잦다는 것인가!
노선 중에 유독 승객 태우지 않고 편하게 다니려고 운행 중 뒤차를 버리고 앞차 붙어서 다니는 양심과 생각이 없는 사고 유발자 승무원이 있기에 사고는 더 발생할 수밖에 없다는 것이다. 앞차와 벌어지면 조급한 마음은 누구에게나 생기게 마련이다. 앞차와 벌어지고 뒤차가 바짝 따라오는 경우 조급한 마음 없고 아무렇지도 않다면 그건 새빨간 거짓말일 것이다. 또한 아무렇지도 않다면 아무 생각이 없다는 얘기도 된다. 아무렇지도 않다고 말하는 사람은 앞차랑 늘 붙어서 승객을 별로 태우지 않는 사람일 가능성이 높다고 본다. 사고를 예방하기 위해서는 앞차와 벌어지고 뒤차가 바짝 따라와도 컨트롤 할 수 있는 마음의 능력을 키우는 것이 매우 중요하다. 감정 조절을 잘 해야 사고를 줄일 수 있기 때문이다. 한 노선에 배려심 없는 그런 사람 한 명만 있어도 운행은 순조롭지가 않다. 예를 들어보면 평소에도 앞차 붙어 다니는 이기적인 맘을 가지고 있는 한 사람이 운행을 하면 그 뒤에서 운행하는 승무원은 평소 그 승무원이 어떻게 운행하는지를 알고 있기에 뒤지지 않을 세라 신호위반을 하던 어떤 이유에서든 모두가 다 그런 건 아니지만 위험한 운전을 하려고 한다.

빠른 앞차를 그 뒤차가 따라가지 못할 경우 그 뒤에 차가 붙게 된다. 그렇게 되면 그 뒤에 뒤에 차는 앞차랑 벌어지게 되면서 그 뒤차는 붙어서 운행할 가능성이 높게 된다. 결국 앞차는 승객을 가득 태우고 뒤차는 빈차로 둘둘 짝지어 운행하는 꼴이 된다. 승객들 입장에서는 같은 버스가 방금 지나갔는

데 또 온다고 하기도 하고 한참을 기다렸는데 버스가 오지 않는다며 불편과 불만을 호소할 수가 있다.

한 노선에 배려심 없고 생각 없이 운행하는 몇 명의 승무원이 있다고 가정해 보자. 한 명이 있어도 운행이 엉망이 되는데 여러 명이 있다면 운행은 엉망진창이 될 수밖에 없다.

버스는 승객을 태우는 데에 목적이 있다. 어떻게든 태우지 않으려고 한다면 버스 승무원로서의 자질이 떨어진다고도 볼 수 있다. 가능한 간격 맞추어 승객을 나누어 태우겠다는 생각으로 조금이라도 배려하는 맘으로 운행한다면 운행 질서가 좀 달라질 수도 있을 것이다. 앞뒤 차가 벌어지고 붙어도 신경 안 쓰고 그러려니 하고 운행한다고 하지만 과연 그럴까! 승객이 적은 방학기간이나 공휴일 같은 경우는 그러려니 할 수 있다. 하지만 방학이 아닌 평일에 조금만 앞차와 벌어져 승객을 앞뒷문으로 다 태워도 못 태울 지경이 된다면 과연 그러려니 할 수 있을까!?

승객이 많을지라도 평소에 앞 뒤차 승무원이 배려하는 마음을 가지고 운행하는 사람이라면 그래도 조급한 마음이 덜할 것이다. 앞뒤에서 벌어지거나 붙었을 경우 간격을 맞춰 주기 위해 신호를 끊어 주기도 할 테니 말이다. 승객이 많아 다 태우지 못할지언정 간격이 어느 정도 맞춰서 운행이 되고 있다면 마음이 편안할 것이다.

조급한 마음에 급출발을 하기도 하고 룸미러, 백미러를 미처 확인도 않은 채 출발하다 차내 안전사고로 이어질 수가 있다. 그렇기 때문에 조급한 마음이 앞서더라도 사고를 예방하기 위해서는 각자 스스로가 조급한 마음 없애는 것이 무엇보다 중요하다. 조급한 마음 없애는 데는 앞차와 벌어졌든 뒤차가 바짝 따라오든 포기가 딱이다. 그래야만 사고를 예방할 수 있다고 본다.

버스는 같은 영업용인 화물차나 택시와는 다르게 노선이 있고 혼자 운행하는 것도 아니고 많은 승객을 태우며 운행을 해야 하기 때문에 타인들의 생각을 많이 하면서 운전을 해야 한다. 특히나 버스 노선 중 노선이 길고 손님 많은 노선일수록 서로간의 배려가 있어야 운행하는 데 스트레스가 덜하고 사고도 줄일 수 있다.

사고를 내고 싶어 내는 사람은 단 한 사람도 없을 것이다. 사고 줄이는 방법 중 제일 중요한 것은 나 자신과의 싸움인데

버스 기사가 직접 쓴 안전 운행의 노하우

조급한 마음을 없애는 것이다. 나는 나 자신과 늘 싸우며 운행한다. 배차 순번에 따라 승객을 많이 태우는 순번이 있을 것이다. 또한 차가 많이 막히는 순번도 있을 것이고 차도 승객도 많은 순번이 있을 것이다. 이런 시간은 주로 출퇴근 시간인 경우가 많다. 출퇴근 시간, 승객 많은 시간에 운행 나가는 승무원들은 거의 비슷한 마음을 가지고 출발하지 않을까 싶다. 앞차랑 많이 벌어져 승객을 많이 태우면 배로 힘들다는 건 버스운전을 해 본 사람이라면 누구나 다 알고 있을 것이다.

변수가 많은 출퇴근 시간에 운행하다 보면 앞차랑 붙어 가는 상황이 올 수도 있다. 앞차 승객 많이 태우고 차도 밀리고 해서 못 가는데 뒤차는 앞차가 다 태우고 가는 바람에 승객도 없네, 차도 안 막히네 그럼 당연 붙을 수밖에 없다. 앞차랑 한번 붙으면 20~30km로 운행한다 해도 벌어지기가 힘들다. 승객이 없으니 정류장에 정차할 이유도 없으니 말이다. 신호는 왜 그리도 딱딱 떨어지는지.

앞차랑 붙어 뒤차랑 벌어졌다면 얼추 간격을 맞추기 위해서는 어디선가 신호를 끊어 주는 게 맞다. 신호 하나 잘 끊으면 간격이 맞아 떨어질 수 있다는 사실을 버스 운전 몇 달이라도 해 본 사람이라면 다 알고 있지 않을까 생각한다. 신호 하나 잘 받고 못 받고의 차이는 엄청나다는 것도 알고 있을 것이다.

앞뒤 어떤 승무원이 운행하느냐의 따라 간격이 잘 맞춰질 수도 있지만 어떤 날은 하루 종일 간격이 한 탕도 안 맞을 때가 있다. 변수가 많아서 그럴 수도 있지만 운행 질서 물 흐리는 한 명만 있어도 그렇게 되는 경우가 많다. 앞뒤 차 여러 대가 운행하고 있는데 상황 따라 다르긴 하지만 너무 빠르거나 느리거나 정상적으로 운행하지 않고 있는 경우에 그 간격 맞춰 다녀서는 안 된다. 너무 늦는 사람 맞추게 되면 한 탕 운행시간이 길어져 차고지 도착 시간이 오버될 수도 있다. 그렇게 되면 밥도 제대로 먹지 못하고 바로 운행 나가야 되는 경우가 있을 수도 있다. 다른 사람들은 얼추 맞는데 한 사람만 유독 늦다면 단말기에서 앞뒤 3대씩을 볼 수 있으니 너무 늦는 사람은 무시하고 앞차와 붙었을지라도 전체적인 흐름을 보고 운행하면 운행 질서는 더 효과적이다. 또한 너무 빠른 한 사람을 맞추어 가게 되면 너도 나도 벌어지기 싫으니 여러 명이 조급하게 운전하게 될 것이고 뒤뒤 누군가는 너무 많이 벌어진 사람도 있을 것이다. 빠른 앞차 쫓아가다 보면 사고의 위험성이 너무 크다.

이와 같이 좀 늦는 사람은 무시하고 다른 여러 대의 흐름을

버스 기사가 직접 쓴 안전 운행의 노하우

보면서 운행하고 또 누군가 혼자만 유독 빠른 사람이 있다면 개 무시하고 그 또한 다른 여러 대의 흐름을 보고 운행하면 조급함이 덜함과 동시에 좀 더 마음의 여유가 생겨 사고를 예방하는 데 도움이 될 것이다. 전체적인 흐름을 보며 운행하는 것이 제일 좋은 방법이나 상황 따라 다르지만 누군가 빠르거나 늦거나 해도 앞차를 보고 운행하는 것보다 뒤차들의 간격을 맞추면서 운행하는 것이 여러 명의 동료들이 조급한 마음 없이 좀 더 여유롭게 운행할 수 있을 것이다. 왜냐면 뒤차를 보며 운행하게 되면 앞차를 보고 운행하는 것보다 많이 벌어지는 사람은 없을 것이기 때문이다. 차고지에 5분, 10분 늦게 들어오는 것이 더 마음 편하게 운행할 수 있는 반면 5분, 10분 일찍 들어오려고 운행하게 되면 차를 험하게 다룰 수도 있고 신호위반, 과속을 서슴지 않을 수도 있고 안전 불이행 사고로 이어질 수도 있기 때문에 위험한 운전이 될 수가 있다. 평소에 남들보다 빨리 다니려고 하는 사람은 5분, 10분 차고지에 늦게 도착하는 것이 곤욕일 수는 있다. 앞차와 붙어서 정류장에 승객도 없으니 빡빡 기어서 운행을 해야 하니까 말이다. 간혹 간격을 어떻게 맞추어야 할지 감을 못 잡을 때가 있다. 운행 시간대에 따라 턴 하게 되는 시간이 다르기 때문에 전체적인 흐름 보는 것이 맞으나 출퇴근 탕에는 그것이 어려우니 간격을 앞차를 맞추든 뒤차를 맞추든 둘 중 하나만

해도 벌어져 가던 사람은 맘이 좀 편할 것이다. 뒤차를 많이
벌리면서 까지 앞차를 바짝 붙어가는 것을 보면 스트레스가
극에 달할 수도 있기 때문이다.

타는 승객이 없다고 운행 템포를 조절하지 않는다면 앞차와
당연 붙게 마련이다. 붙은 다음엔 벌어지기란 쉽지 않다. 앞
차랑 거의 붙고 뒤차랑 많이 벌어져서 턴하는 지점에서 잠깐
섰다 운행한다 해도 많이 벌어진 차는 승객 많은 시간에는 따
라잡을 수가 없다. 승객이 많아 정류장마다 다 정차를 하게
되는데 정차 시간도 길기 때문에 더 그렇다. 앞차랑 바짝 붙
어 운행하는 차량은 운행 중 신호를 끊으려 해도 버스에 탄 승
객이 많지 않기 때문에 좀처럼 신호 끊기가 쉽지 않다. 결국
턴하는 지점에서 간격을 맞추기 위해 승객들 태운 상태로 정
류장에 한참 서 있어야 되는데 그것도 곤욕이다. 그러기 때문
에 운행하면서 단말기 보며 그때그때 조절해서 간격 맞추어
다니는 것이 승객들한테도 그렇고 동료들에게 미안함도 덜하
고 훨씬 좋은 방법일 것이다.

만일 다른 차들보다 턴 지점에 일찍 도착했다면 앞뒤 차 간
격이 얼추 맞을 때까지 턴하는 지점에서 잠시 정차 했다 출발
한다. 신호 한두 개 끊으면 뒤차가 아주 많이 벌어지기 않았

버스 기사가 직접 쓴 안전 운행의 노하우

다면 간격은 얼추 맞춰지기도 한다. 화장실 다녀오는 것이 승객들 눈치 볼 필요 없어 좋기는 하다. 턴하는 지점에서 정차했다 출발해도 뭐라고 하는 승객들은 없을 것이다. 정차해서는 뒤차가 태울지도 모를 승객들 모조리 다 태우고 출발한다. 벌어져 운행하던 동료는 그렇게 배려해 주면 좀 더 여유 있고 편안하게 운행할 수 있을 것이다. 간혹 어떤 승무원은 턴 지점 부근에서 승객을 많이 태우게 될까 봐 승객 없는 곳에서 한참을 섰다 출발하는 사람도 있다.

이런 경우로 스트레스 받는 일이 허다하다. 앞차랑 붙어서인지 시간이 남아 여유로워서인지 뒤 많은 버스들 달고 버스전용도로에서 20~30km로 운행하는 버스들을 많이 보았다. 40km로 간다 해도 뒤의 바쁜 차량은 그 속도도 빠르다고 생각을 안 할 것이다. 출퇴근 시간에는 물론 승객 많지 않은 시간에도 천천히 달리는 버스를 바쁘지 않은 승객들도 그닥 좋아하지는 않을 것이다.

버스를 운행하는 데 있어 기계가 움직이는 것도 아니고 각자 다른 마음과 생각으로 사람이 움직이는 건데 운행 중 변수도 너무 많기 때문에 딱 맞추어 운행하기란 쉬운 일이 아니다. 하지만 얼추 맞추려고 배려하는 마음을 갖는 것이 무엇보다 중요하다.

버스 운행하는 데 있어 배려심, 배려심 하는데 어떻게 배려를 하라는 건지를 몰라 못 하는 사람이 있을지도 모르겠다. 그리고 남들이 안 하는데 내가 먼저 해야 할 이유가 없다고 생각하는 사람도 있을 수 있겠다. 둘 중 한 가지만 잘해도 된다. 간격을 맞추든 턴 시간을 맞추든 턴을 남들보다 일찍 하기 때문에 동료가 반 바퀴만 힘들어도 될 것을 한 바퀴 운행하는 동안 힘들어지기 때문이다.

반 바퀴 운행하는 동안 신호를 끊을 수 없어 어쩔 수 없이 턴 도착 지점에 일찍 도착했다면 앞뒤 차 간격에 맞춰 턴을 한다면 동료들의 조급한 마음을 없애는 데 기여를 하고 있는 것이다. 한 노선의 턴 시간이 있는 만큼 턴 시간을 잘 지켜 운행했을 때 서로의 조급함이 덜한 만큼의 그 노선의 사고는 줄어들 것이다.

어느 노선이든 턴 시간을 정해 놓은 것은 간격을 맞추어 운행하라는 것이기도 하지만 빠른 사람을 위해 정해 놨다고도 할 수 있다. 그런데 승객이 많고 도로에 차도 많은 출퇴근 시간에 혼자만 턴 시간 지키겠다고 앞차 붙어서 뒤차 몇십 분 벌

버스 기사가 직접 쓴 안전 운행의 노하우

어졌음에도 불구하고 그대로 턴하는 승무원이 있다는 사실이다. 믿지 못하겠지만 사실이다. 한 번 벌어진 뒤차는 출퇴근 탕엔 승객이 많으므로 따라오기가 쉽지 않다. 그럴수록 조급한 마음을 버리고 더 안전 운행할 수 있도록 집중해야 한다. 포기하고 운행하는 것이 적절한 표현일 수도 있겠다.

몇 달 전 내가 운행하고 있는 노선에 자주 내리는 눈 때문이었을 수도 있지만 학교 겨울 방학이라 승객이 줄었음에도 사고가 가끔씩 뻥뻥 터졌다. 그 이후 잦은 사고 때문인지 우리 노선 간담회가 회사에서 있었다. 사고 유형들 영상을 보여 주는데 모두가 끔찍한 장면들이었다. 아차 하는 순간에 나는 사고도 있었지만 예견된 사고들이 많았었다. 특히나 넓은 교차로 사고나 횡단보도 신호를 건너려고 서 있는 보행자를 미처 발견하지 못한 이유로 미리 속도를 줄이지 못해 나는 사고를 보면서 끔찍했다. 난 저렇게 운전하지 말아야겠다는 생각을 했다. 그 영상을 본 다른 동료들도 모두가 그렇게 생각을 했을 것이다. 그런데 똑같은 영상을 보았음에도 나는 다른 동료들과 또 다른 생각을 하고 있었다. 예견된 사고란 넓은 교차로에서 황색 신호등에 지나간다는 건 무리였을 텐데 위험을 무릅쓰고 왜 지나갔을까 하는 생각을 해 보았다. 그건 운전 습관이었을 가능성이 높다. 또 한 가지는 조급함 때문이었을 것이라고 생각을 했다. 버스 운전 역시도 조급함, 조바심으로 인한 사고가 대다수이기 때문에 조급함을 없애는 것이 사고를 예방하는 지름길이라고 늘 생각을 하고 있었다. 간담회가 거의 끝나갈 무렵 팀장님이 하고 싶은 말 있는 사람 얘기를 해보라고 했다. 난 이때다 싶었다.

가끔 운행하면서 다른 동료들 때문에 힘들어 하는 동료나 또 다른 동료를 힘들게 하는 동료들에게 내 블로그를 봤으면 하는 몇 명의 동료들에게 그에 맞는 내용을 골라 공유를 했었다. 조금의 효과는 있는 듯했다. 하지만 버스는 혼자 운행하는 것이 아니기에 여럿이 모인 자리에서 딱 한 가지만 얘기해도 효과가 클 것이라고 생각을 했다. 곧 다가올 입학 시즌에 승객이 많이 늘게 뻔한데 이때 얘기를 하지 않는다면 지금처럼 운행할 게 뻔하다는 생각을 했다. 그 얘기 한마디만 하면 사고를 줄일 수 있을 것이라 확신하고 한 얘기는 위에서도 계속해서 언급한 것이지만 턴 시간을 지켜야 한다고 했다. 턴 지점에 남들보다 일찍 도착했다면 정차했다가 간격 맞춰 출발해야 한다고 했다. 만일 앞뒤 여러 대가 턴 시간보다 빠르게 혹은 늦게 턴을 해야 되는 상황이라면 간격에 맞춰 턴을 해야 한다고 말했다. 한탕 운행하는 데 정해진 시간은 있지만 그렇게 되면 차고지는 좀 빠르게 혹은 늦게 들어올 수도 있다는 것

버스 기사가 직접 쓴 안전 운행의 노하우

에 다들 공감하는 분위기였다. 그 이후 몇 달이 다 되어 가는데 학생들도 많고 날이 따뜻해져서 지팡이 노약자 승객들도 많아졌다. 그럼에도 불구하고 간담회 이후 내가 운행하는 노선에 잦았던 사고는 한동안 없다시피 했다. 사고가 줄거나 없었다는 것은 운행하는 데 있어 심적으로 마음이 편해졌다는 얘기도 될 수 있다. 간담회 이후 턴 시간을 신경 써서 운행하는 사람이 늘어난 것 같아 나도 운행하는 데 마음이 한결 편해졌다. 조금 벌어졌어도 예전 같은 조급함이 덜해졌다. 그래서 버스 사고 줄이는 데는 그 무엇보다도 운행 질서만 바로잡힌다면 사고는 물론 잦은 차량 고장도 덜할 것이라고 나는 확신한다. 조급하지 않으면 차를 험하게 다룰 일도 적어질 테니 말이다.

운행할 때의 마음가짐을 달리하면 사고도 줄이고 차량 고장도 줄일 수 있는 방법이 있다. 우선 조급한 마음을 갖지 않아야 하는데 남들보다 차고지에 5~10분 늦게 들어와서 덜 쉰다는 맘을 가지면 좀 여유로움이 생길 것이다. 반대로 남보다 5~10분 더 쉬겠다는 맘을 갖는다면 남의 휴식 시간을 뺏음과 동시에 위험한 운전이 될 수 있고 그 누군가는 더 힘들어질 수 있고 차를 험하게 다룰 수도 있다는 사실을 알아야 한다. 5~10분 일찍 도착하려면 그만큼의 차를 막 다루어야 하기 때문에 차량 고장의 원인이 되기도 한다. 몇 년 버스 운전하면서 남들보다 5분 일찍 혹은 한 탕 정해진 시간보다 일찍 들어오려고 운행해 보니 위험요소가 많이 따른다는 것을 알았다.

앞차 빨리 간다고 뒤따라가기보다는 뒤차들을 보며 단말기에 보이는(요즘 나를 포함한 최고 7대까지 단말기에서 볼 수 있음) 7대의 흐름을 보면서 운행하게 되면 누군가는 신호를 끊으며 간격도 신경 쓰며 운행하게 될 것이다. 그런데 그건 내가 먼저 한다는 마음으로 한 사람씩 그렇게 하다 보면 분위기가 만들어질 것이다. 앞차가 빠르게 가고 있는데 벌어져 가면서까지 뒤차 간격을 맞춰 주려는 사람은 그리 많지 않을 것이다. 운행하다 보면 도로에 차도 없고 승객이 없을 때는 어쩌다 앞차랑 붙어 운행할 수도 있겠지만 늘 붙어 다니는 사람은 앞차랑 벌어지게 되면 스스로 컨트롤 못 하는 사람이라 생각하면 마음이 더 편할 거 같다.

유독 출퇴근 시간에 늘 앞차 붙어 운행하는 사람이 있다. 승객 많을 때는 늦는 대로 적을 때는 빠른 대로 간격을 맞추려 해야 하는데 특히 승객 많은 시간에 정해진 운행 시간을 지키려고 하니 당연히 간격이 맞지 않을 수밖에 없다. 운행 질서가 좋지 않은 사람(같은 노선에서 운행하는 동료들이 앞뒤에서 함께 운행하고 싶어 하지 않는 사람. 운행에 있어 배려심

버스 기사가 직접 쓴 안전 운행의 노하우

없고 이기적인 사람)의 운행 습관은 좀처럼 바꾸기가 쉽지 않다. 그런 동료의 운행 습관을 조금이라도 변화시키는 방법이 전혀 없는 것은 아니다. 그 방법은 여러 동료들이 그 사람이 어떻게 운행을 하든 무시하고 다른 동료들은 간격을 잘 맞춰 가도록 애쓰는 것이다. 그렇게 되면 맞추지 않고 가던 사람 생각이 있다면 쪽 팔려서라도 맞추려 애를 쓰지 않을까! 계속적으로 다른 동료들이 그렇게 하다 보면 빨리 가려는 마음을 가졌다가 스트레스 더 받는 거 알고 간격을 맞춰 가다 보면 그게 훨씬 편하다는 것을 알게 되면서 조금은 변화되지 않을까 하는 생각을 해 본다. 다른 사람 간격 잘 맞춰 가는데 혼자 맞지 않는다면 맞추려고 노력하게 될 것이다.

앞차가 날 버렸다고 다음 탕에 기를 쓰고 보복 운전하듯 앞차를 바짝 쫓아가는 승무원도 있다. 동료의 그런 행동은 동료가 만들고 있는지도 모른다. 설사 그런 동료가 있을지라도 내가 그렇게 안 하면 된다. 똑같이 하면 똑같은 사람밖에 안 된다. 이런 경우도 많이 있을 것이다. 출퇴근 탕에는 승객을 태우지 않으려고 기를 쓰고 앞차 붙어 운행하고 승객 적은 시간대에는 180도로 돌변해서는 천천히 가다가 뒤차랑 붙어서 운행하는 사람도 있다. 그러니까 출퇴근 탕에는 앞차랑 붙고 승객 적은 낮 시간엔 뒤차랑 붙어 누군가 그렇게 운행하는 경우에는 하루 종일 운행해도 간격 한 탕이 안 맞는다. 앞으로 붙었다 뒤로 붙었다로 운행을 한다. 전체적인 흐름 보며 밀리면 밀리는 대로 당겨지면 당겨지는 대로 얼추 맞춰 운행을 하면 모두가 편할 텐데 정말로 스트레스받는 일이 아닐 수가 없다. 그렇게 운행하는 사람은 잔머리를 잘 굴리는 사람으로 많은 사람들의 미움을 살 수도 있다. 본인의 이미지는 각자 본인이 만드는 것이라고 생각한다.

또한 뒤차가 바짝 따라오면 빨리 가던 앞차는 더 멈추지 않을 것이다. 그렇게 되면 뒤뒤 누군가는 승객들과 실랑이를 하고 있을지도 모른다. 앞차와 벌어졌을 때는 승객들이 벨을 잘못 누르거나 거슬리는 행동들이 더 짜증날 테니 말이다. 그런데 신기한 게 많이 벌어졌을 때에는 포기가 되어서인지 운행하는 데 조급함이 덜한데 배차 간격보다 5분 정도 벌어졌을 때가 더 조급함이 생기더라는 거다. 그러니까 15분 배차 간격이라면 나를 기준으로 내 앞차가 그 앞차를 10분으로 붙고 나를 20분으로 벌리고 갈 때가 더 조급해지더라는 것이다. 어쩌다 그럴 순 있지만 개중에 어떤 승무원은 종일 전탕을 그렇게 운행을 한다. 어쩔 수 없이 변수가 많은 시간대에 많이 벌어져 운행하는 것보다 더 스트레스가 될 수가 있다. 그때는 그런 사람의 마음이 보인다. 매일같이 앞차랑 붙어 다니던 사람은 어

버스 기사가 직접 쓴 안전 운행의 노하우

쩌다 앞차랑 벌어지면 컨트롤하기가 더 힘들어질 수가 있다. 승객을 많이 태우지 않고 다니다가 만차를 태우면 감정 조절이 안 돼 사고로 이어질 수가 있다. 특히 고참들보다 버스 운전을 많이 해 보지 않은 신입들한테서 많이 나타나는 현상이긴 한데 버스 운전을 오래한 사람도 늘 붙어 다니는 사람이 있기 때문에 그런 사람은 신입들과 전혀 다를 게 없다. 앞차랑 벌어지면 누구나가 조급해지는 것이 당연하니까 말이다.

신입들은 운전이 능숙하지도 않고 마음의 여유가 더 없기 때문에 앞차와 벌어지게 되면 감당이 안 되는 걸 본인이 알기 때문에 어떻게 해서든 앞차랑 붙어 운행하려는 경향이 있다. 그래서 중형 운행하다가 대형으로 전환하면서 사고율이 높은 이유가 경험도 적지만 조급한 마음이 앞서기 때문이다. 버스 운전이 어느 정도 익숙해졌다면 마음의 여유를 갖는 것이 무엇보다 중요하다. 하지만 성격과도 무관하지 않다. 급한 성격의 소유자라면 컨트롤을 잘하도록 더 애쓸 필요가 있다.

나 역시도 무지 급한 성격이라 가끔 내가 버스를 하는 것이 맞는 것인지 생각할 때가 있을 정도다. 어쩌다 앞차와 벌어져 승객은 많지 화장실은 급하지 하면 정말 참기 힘들 때가 있다. 아무리 벌어져도 화장실은 가야한다. 그러면 더 벌어질 수밖에 없다. 그럴 때 일수록 포기하고 더 안전하고 친절하게 운행하다 보니 승객들도 감사하다고 인사 한마디 더 하고 내리는 것을 여러 번 경험했다.

수많은 승객을 태우는 버스는 평소에 간격을 맞추어 다니는 습관을 길들여야 한다고 본다. 한 번 길들여진 운전 습관은 좀처럼 바꾸기가 쉽지 않으므로 좋지 않은 습관이 완전히 길들여지기 전에 노력해야 한다.

앞 뒤차 간격 맞추고 배려하는 마음으로 운행하다 보면 모두의 맘이 편하다는 것을 알게 될 것이다. 하지만 혼자만 편하겠다는 마음을 가진 사람은 어떨지 모르겠다. 버스 운전 하는 사람의 운행 질서가 좋고 안 좋고는 회사에서는 모를 것이다. 앞뒤에서 늘 함께 운행하는 동료들이 평가할 수가 있다고 본다. 앞뒤에서 하루 이틀 같이 운행해 본다고 해서 어느 누가 운행 질서가 좋은지 나쁜지를 다 알 수는 없다. 단말기상에는 앞차를 바짝 붙어가는 걸로 뜨지만 단말기상 보이지 않는 그 앞에 앞에 누군가가 어떻게 운행하느냐에 따라 다를 수도 있기 때문이다. 그래서 난 운행할 때 내 앞차들이 평소 빨리 다니는 사람이 아닌데 뒤도 돌아보지 않고 운행할 때면 그 앞차들이 어떻게 운행하는지 내가 운행하는 노선 경기버스정보 어플을 본다. 그러면 그 앞에서 누군가는 앞차 바짝 붙어 운행할 때가 있고 내 앞에서 못 가는 차는 그 앞에서 누군가

버스 기사가 직접 쓴 안전 운행의 노하우

많이 벌리고 운행을 해서 그런 경우가 많다.

그렇기 때문에 전체적인 흐름을 보고 판단을 해야 하므로 한두 번 앞뒤에서 운행해 보고 운행 질서가 좋고 나쁨을 판가름할 수는 없다. 어떻게 운행해야 하는 것이 옳은지 정확한 답도 없다. 하지만 운행 질서 좋고 나쁨의 판단은 동료들이 평가한다. 같은 노선에서 운행하는 동료들 10명 중 7~8명이 누군가와 앞뒤에서 같이 운행하는 것이 유독 힘들고 스트레스 받아 앞뒤 순번으로 운행하고 싶지 않다면 운행 질서가 좋지 않은 사람으로 판단된다. 운행 질서가 좋지 않는 사람일수록 동료들의 조급한 마음을 더 플러스시켜 주어 사고 유발자로서 한몫하고 있다고 봐도 틀린 얘기는 아닐 것이다.

평소에 간격 잘 맞추어 다니는 승무원인데 어느 날 내 앞에서 운행을 하는데 퇴근 탕도 아니고 퇴근 전탕이었는데 18분 간격에 앞차를 12~13분으로 붙어 가고 나를 25분 벌려서 가는데 그날따라 스트레스가 좀 됐다. 학생들 하교 시간이 겹친 시간이기도 했다. 마음 좀 편하게 운행할 수 있는 좋은 방법이 없을까 하고 생각한 것이 있었다. 차내를 청소하던 마른 걸레가 보이길래 그 걸레로 단말기를 덮고 운행을 했다. 단말기를 보지 않으면 조급한 마음이 덜할 것이라고 믿었다. 꽤나 효과가 있는 듯했다. 거의 사용은 잘 안 해 봤는데 견디기 힘들 때 그 방법이 참 괜찮은 방법 같았다.

어쩌다 상황 따라 앞차랑 붙어서 운행할 수는 있지만 하루 종일 뒤차를 버리고 이기적이고 배려 없는 그런 승무원과 하루 종일 앞뒤에서 운행한다면 인자하시고 자비로우신 예수님, 부처님도 아마 견디기 힘들지 않을까!

운행 질서가 바로 잡힌다면 사고도 줄이고 차량 고장도 덜하고 연료 소모률도 적으면서 승객들에 대한 서비스 질까지 높아질 거라고 확신하고 장담한다.

아) 끊이지 않는 시내버스 사고

사고 낸 자가 100% 과실이지만 유발자도 한몫한다는 것이다. 5~10분 내가 더 쉴 것을 동료와 나누어 쉰다고 생각하고 운행한다면 서로 스트레스 덜 받고 기분 좋게 운행할 수 있지 않을까 하는 생각을 해 본다.

여러 개의 대중교통 수단이 있지만 지금도 그렇고 앞으로도 전국적으로 본다면 가까이서 편하게 자주 이용할 수 있는 대중교통 수단으로 버스가 가장 많이 이용되고 있을 것이다.

버스 기사가 직접 쓴 안전 운행의 노하우

그런데 가끔 버스가 무서운 존재로 인식될 때가 있다. 버스 사고로 인한 안타까운 인명피해나 재산피해가 사회 문제로 야기될 수 있기 때문이다. 안타깝게 사망하거나 장애를 가지고 평생 살아가게 된다면 본인 당사자는 너무 안타깝기 그지없지만 그 가족들은 물론이거니와 사회에서도 그 가족들에게 기여해야 할 부분이 있을 것이라고 생각한다. 모든 교통사고가 마찬가지지만 줄일 수만 있다면 줄이는 방법을 찾아야 한다고 생각한다.

최근 어린이 보호구역, 횡단보도에서 일어나는 교통사고를 예방 방지하기 위해서 민식이법 적용을 많이 시키면서 어린이 사망 사고는 예전보다 많이 줄었다고 알고 있다. 하지만 버스 사고는 끊이지 않고 발생하고 있기 때문에 사고가 안 난다는 것은 불가능한 일이겠지만 노력하고 개선하면 줄일 수는 있을 것이다. 수년간 버스 회사와 정부에서도 수많은 노력을 했음에도 버스 사고는 끊이지 않고 여전히 발생하고 있는 게 현실이다.

내가 버스 운전을 그닥 오래 한 건 아니지만 몇 년간 직접 버스 운전을 하면서 여기저기서 뻥뻥 터지는 잦은 버스 사고가 나는 이유가 뭘까 왜 날까 왜 줄어들지 않을까 깊게 생각하고 또 생각해서 찾아낸 정답이 있었다. 각자 승무원들의 운전 습관이나 차량 상태에 따라 또는 환경적인 요인 등 버스 사고가 나는 데는 여러 요인들이 있겠지만 각 버스 회사에서 운행 질서만 바로잡게 된다면 그것이 버스 사고를 줄이는 최고의 방법이라고 장담하는 바이다.

그렇다면 운행 질서는 어떻게 잡아야 하나?
각 승무원마다 각자 본인이 운행 질서가 최고라고 생각할 수도 있다. 각자 본인은 맞춰가고 잘하고 있는데 다른 사람이 빨리 가고 늦게 가서 맞지 않는 것이라고 생각하기 쉽다.

운행 질서! 어차피 운행 중 변수가 있고 운행 습관도 각기 다르기 때문에 딱 맞추어 다닐 수는 없다. 하지만 조금씩 배려하는 마음으로 조금 더 여유 있게 운행할 수 있도록 서로가 조금씩 도울 수는 있다고 생각한다.
운행 질서가 좋지 않은 사람! 함께 일하는 동료들은 다 알고 있을 것이다. 앞에서도 언급했지만 동료들이 평가한다. 10명 중 7~8명이 앞뒤에서 운행하고 싶지 않다고 한다면 그 당사자는 운행 습관을 바꿀 필요가 있다. 회사 관리직에서는 직접적으로 운행을 하지 않으니 듣지 않으면 모를 수밖에 없다. 함께 운행하면 힘들다고 말이 자꾸 나오는 승무원은 회사에

버스 기사가 직접 쓴 안전 운행의 노하우

서 집중 관리를 해야 운행 질서가 조금이나마 잡히게 될 것이라고 믿는다. 요즘 어느 회사를 막론하고 버스 기사가 부족한 실상에서 버스 기사 관리하려다 이직이라도 하게 될까 두려워하는 회사가 있을 수도 있겠다. 구더기 무서워 장 못 담그랴! 운행 질서 엉망인 한 사람이 수많은 사람들을 힘들게 한다. 그런 사람들 때문에 힘들다고 사직이나 이직을 선택하는 사람도 없지는 않을 것이다. 운행 질서 엉망인 사람한테 회사에서 질책했다고 해서 기분 나쁘다고 한 두 사람 그만두고 나서 운행 질서가 바로 잡힌다면 많은 기사들이 선호하는 노선이 될 수도 있는 일이다. 운행 질서가 좋지 않은 노선에서 근무하는 것은 배로 힘들 테니까 말이다.

  이 책을 쓰고자 했던 목적과 목표가 여기에 있었다 해도 과언이 아니다. 운행 질서를 바로 잡아야 끊이지 않는 버스 사고를 줄일 수 있다는 사실을 말이다.

16. 이렇게만 버스 운행한다면

① 앞차랑 벌어지면 당연히 승객을 많이 태울 확률이 99%
다. 설상가상으로 힘든 것은 승객들이 왜 늦게 오냐 오래
기다렸다고 짜증까지 내는 승객들이 있기에 이중고를 겪
어야 한다는 것이 힘든 것이다. 그래서 서로 간의 배려운
전이 필요하다.

② 스무스 운전: 기어 변속을 했는지 브레이크, 액셀 페달
을 밟았는지 밟지 않았는지 표가 나지 않게 운전을 하게
되면 자연적으로 스무스 운전이 된다. 그렇게 되기까지
는 여러 날의 훈련이 필요하다. 차마다 좀 다르긴 하지만
퓨얼컷과 합세하면 차가 더 조용해지고 부드러워진다.

③ 반 클러치: 마음이 조급해서 빨리 가려는 마음이 앞서는
순간 손과 발의 움직임은 빨라진다. 약간의 경사진 곳이
나 뒤로 조금이라도 밀리는 차량의 경우는 급한 마음에
반 클러치를 사용해서 운전할 가능성이 매우 높다. 반 클
러치를 전혀 안 쓸 수는 없지만 100에 가까울 정도로 �

지 않는 것이 좋다. 한 두 번의 사용으로도 차의 이상 증세가 나타날 수도 있다. 그러기 때문에 조급한 마음에서가 아닌 여유 있게 운전할 때에 반 클러치 사용을 하지 않게 될 것이다.

④ 어느 날 내 뒤 순번에서 3일 연거푸 운행을 한 동료의 말이다. 나보고 운행을 참 잘한다고 한다. 어째서 그런 생각을 했냐고 물으니 뒤 순번으로 운행하는데 스트레스가 덜하고 마음이 편했다고 했다. 사실 다른 동료들에게서도 여러 번 그런 얘기를 들은 적이 있긴 있다. 운행을 잘한다? 운전을 잘한다?와는 차이가 좀 있다. 난 앞차랑 간격 맞추려고 하기보단 앞차는 가든지 말든지 가능한 뒤차 간격을 맞추려고 더 애쓰는 편이다. 어쩌다 앞에 가던 다른 노선의 차가 승객을 다 태웠을 때는 천천히 가도 앞차랑 붙고 뒤차랑 벌어질 때도 있긴 하다. 그렇게 되면 다른 동료들이 빠르게 다닌다고 생각할 수도 있다. 그럴 때는 턴 지점에서 뒤차 간격 맞추려 하지 않고 운행하면서 그때그때 맞추었던 것이 뒤차가 운행하는 데 있어 마음이 편했던 모양이다. 어떨 적엔 뒤차 맞춰 주다 앞차랑 많이 벌어질 때도 있긴 했다. 평소에 나는 다른 사람보다 빠르지는 않다. 노약자들 승차했을 경우 모두 자리 착석 후 출발하는 편이고 개문발차 사고를 예방하고 문 꽝 닫

힘을 예방하기 위해서 가능한 뒷문 완전히 닫힌 후에 출발을 하려고 노력한다. 그래서 늦을 때가 많다. 그러니 뒤차들과의 간격이 좁혀질지언정 뒤차와 나는 벌어지는 경우가 극히 드물다. 그래서 뒤차들도 차고지에 5~10분 늦게 도착할지는 몰라도 마음 편하게 운행했을 거라 믿는다.

버스 운행은 혼자가 아닌 여러 사람이 정해진 길을 따라 승객을 태우는 것이기에 여러 동료와 승객의 편의를 생각하면서 배려운전을 하는 것이 잘하는 것이라고 생각을 한다.

이유야 어찌 됐든 앞차가 가지 못하고 있는데 그 간격 맞추거나 뒤차가 못 온다고 그 간격을 맞추면 안 될 때가 있다. 너무 처진 차량 맞추다 보면 전체적으로 늦어질 수도 있어 다음 탕 운행 나가는 데 지장을 초래할 수가 있다. 전체적인 흐름을 보면서 운행하되 정해진 턴 시간을 중요시해야 한다. 턴 시간을 기준으로 손님 없고 도로에 차가 없는 시간대에는 앞뒤 차 간격을 보면서 비슷한 시간에 턴을 하면 동료들이 조급한 마음이 들지 않고 좀 더 편안하게 운행할 수 있을 것이다. 손님과 차가 많아 턴 시간이 오버됐다면 전체적으로 오버된 시간에 턴을 하는 것이 맞다고 본다.

버스 기사가 직접 쓴 안전 운행의 노하우

특히 고무줄 운행은 여러 동료를 힘들게 한다. 고무줄 운행이란 단말기상 간격이 수시로 좁혀졌다 벌어졌다 하는 경우다. 이런 운행 패턴은 운전 습관이기도 하고 앞차랑 벌어질까 조바심에 막 붙어 가다가 뒤차가 벌어졌으니 어느 순간 서서히 가다가 혹은 정류장에 섰다가는 그다음 막 달리다 턴하는 지점에서 한참 서 있다. 심지어는 정류장에서 승객을 태우고 정차해 있는 경우도 있다. 어느 순간 냅다 달린다는 느낌이 드는 사람은 고무줄 운행을 하고 있는 것이다. 입이 없는 단말기가 말해 준다. 단말기상 시간 간격이 왔다리 갔다리 하지 않고 벌어진 상태에서 그대로 운행되고 있다면 그나마 편하게 운행할 수 있다. 동료의 운행 패턴은 앞뒤에서 운행해 보면 하루에도 알 수 있지만 그 당시 앞뒤에서 다른 동료들이 어찌 운행하느냐에 따라 다를 수도 있기 때문에 몇 번만 운행해 보면 다 알 수 있다.

여러 대가 운행하는데 변수도 많아 딱 맞추어 운행하기란 쉽지 않다. 어쩔 수 없이 앞차랑 붙거나 벌어졌다면 무시하고 뒤차를 맞춘다고 생각하면 좀 더 편안하게 운행할 수 있을 것이다. 그런데 뒤차가 너무 따라오지 못하고 있다면 앞차랑 붙지 말고 앞차 간격 맞춰서 운행하면 벌어졌던 뒤차는 본인이 늦어서 그런 것이니 간격으로 인한 조급함은 덜할 것이다.

좀 늦게 다녀서 승객을 많이 태운다고 사고가 더 나고 승객을 태우지 않으려고 매일 같이 붙어 다닌다고 사고 안 나는 것은 아니다. 사고도 냈던 사람이 낼 확률이 높다는 것을 알았는데 한 번 낸 사고에 대해서 벗어나는 데까지는 시간이 좀 걸리는 듯하다. 그로 인해 운전에 집중도 안 되고 사고를 또 내면 안 된다는 부담감이 굉장히 많이 작용한다. 그래서 어떤 승무원은 하루에 2번씩 사고 내는 것이 그 이유 때문일 것이다.

몇 년 버스 운전해 보니 운전에 집중하고 조급한 마음 잘 컨트롤하면 사고를 예방하고 방지하는 데 많은 도움이 된다는 것을 알았다. 아무리 운전을 잘하고 운행을 잘한다 할지라도 누구든지 언제 어디서 어떻게 사고가 날지 아무도 모른다. 그래서 방심은 언제나 금물이다.

버스 기사가 직접 쓴 안전 운행의 노하우

17. 버스 관련 블로그 포스팅 1년 후

　2017년 KD운송그룹에 입사하여 중형 버스를 거쳐 대형 버스를 3년 정도 하다가 친정엄마의 병세 악화로 4개월 동안 잠시 사직했다가 2021년 1월 1일에 재입사를 했다. 재입사할 당시 학교 방학 기간이라 대형 버스는 감차로 인해 만근도 다 못 한다는 얘기를 들어서 중형 버스를 운행하면 안 되겠냐고 했더니 그럼 우선 중형 하다가 대형 전환하고 싶으면 언제든지 얘기하라고 했다. 중형 버스 운행한 지 한 달 정도 되었을까!

　회사 관계자분이 잠시 면담 좀 하자고 하신다. 중형 운행하는 거 어떠하냐고 물으시면서 대형 전환 생각이 없냐고도 물으신다. 한 달 정도 중형 버스 운행하면서 느낀 것이 있었다. 신입들 중 무경력자도 있었고 마을버스 좀 하다가 입사한 승무원도 있었는데 버스 운전 경험이 많지 않기에 운전은 미숙한 것이 당연할 수 있겠지만 버스 회사의 신입 승무원으로서의 기본 자세가 안 된 신입 승무원들이 물론 다 그런 건 아니지만 좀 있다고 느끼게 되었다.

그래서 짧은 노선이 좀 편한 것도 있었지만 중형 승무원들이 잘 배워서 대형 전환을 하면 전체적으로 사고도 줄고 미숙한 운전으로 차가 고장 나는 것을 줄일 수도 있을 것이라 생각했기에 대형 전환 생각이 있냐는 물음에 대형 버스 몇 년 해 본 내가 중형에 좀 더 남아 있었으면 좋겠다고 했다.

그리고 버스 운전하면서 나의 목표가 있다고 말했다. 그게 뭐냐고 물으셨다. 우리 회사에 끊이지 않고 일어나는 버스 사고 줄이는 게 나의 목표라고 했다. 그랬더니 고개를 갸우뚱하시면서 회사에서도 못 하는 일을 승무원 혼자서 어떻게 하겠냐며 의아해하시는 눈빛을 나는 보았다. 사실 그렇게 말해 놓고 내가 지금 무슨 말을 한 거야! 하며 내 마음속에서는 나를 채찍질하고 있었다. 당분간 중형에 남아 있기로 하고 신입들에게 내가 경험한 것을 하나씩 알려 주기도 했다. 그런데 요즘도 이 법인 저 법인에서 나오는 얘기지만 신입들의 자세가 예전과는 사뭇 다르다는 말들이 많이 나오고 있다. 2년 전 중형에 있을 때 역시도 그랬다. 개의치 않고 얘기해 주면 받아들여 자기 것으로 만든 승무원들은 대형 올라가서도 사고가 덜한 거 같기도 했다. 재입사 한 후 얼마 지나지 않아 가끔 나보고 신입들한테 그렇게 하지 말라는 얘기를 하는 사람도 있었다. 내가 더 알려 주려고 했던 이유가 대부분이 대형 경험이 없기 때문에 노선 짧고 승객 적은 중형은 노선이 길고 승객

버스 기사가 직접 쓴 안전 운행의 노하우

많은 대형과는 다르기 때문에 잘 배우고 올라가야 대형에서도 덜 힘들다고 강조를 하며 알려 주었던 부분이다.

여러 사람한테서 쓴소리 듣고도 참아 내는 것이 안타까워 하늘이 도운 것일까! 블로그를 통해 마음을 전해 보라는 하늘의 계시였을까!

내가 블로그를 시작한 지 2년 6개월이 지나고 있다. 블로그를 시작할 당시 그때도 중형 버스를 운행했었는데 지금도 중형은 마찬가지지만 그때 역시도 갓 입사한 신입들이 많았었다. 난 대형 버스를 3년 정도 운행해 봤던 터라 신입들이 경험하지 못한 것을 운행하면서 많이 알려 주려고 애를 썼었다. 하지만 한 가지라도 배우려고 물어보고 하는 신입 승무원이 있는 반면 그렇지 않은 승무원들도 꽤나 있었다. 그 당시 내가 운행하는 중형 버스 노선에는 사고도 잦았고 차량들이 이 차 저 차 고장 나는 이유가 운전 미숙도 있었지만 역시나 조급한 마음에 차를 험하게 다루어서 고장 나는 차들도 부지기수였다. 제일 심했던 건 이 차 저 차 중형차 대형차 할 것 없이 삐그덕 소리가 너무 심했다. 그리고 험하게 다룬 차는 페달 밟았을 때 느낌이 별로 좋지 않고 시동 걸면 조용했던 차가 유난히 시끄럽게 느껴지기까지 했다. 그렇게 해서 발생하는 고장인 줄도 모르고 승무원들은 정비과에서 고쳐 주지 않아 힘들다며 예전에 이직하고 사직하는 승무원들이 여럿 있었다.

잦은 차량 고장이 왜 나는지 갓 들어온 신입들은 대부분 모를 것이다. 그래서 차는 늘 RPM을 잘 높이며 살살 다뤄야 한다고 꽤나 강조하던 부분이었다. 그런데 "지가 뭔데 그러냐." 고 뒤에서 욕을 엄청 하지 않았을까! 그런 걸 눈치챘음에도 난 꿋꿋하게도 운행 질서에 관해서는 늘 예민하게 굴었다. 운행 질서에 따라서 사고가 나기도 하고 안 나기도 하지만 차까지 고장이 잦다는 것을 알았기 때문이다. 차까지 고장 나면 운행 질서 못지않게 여러 사람이 힘들다는 것 또한 난 알고 있었다. 서로가 맘 편하게 운행하면서 사고 없이 롱런 하자는 얘기였는데 그게 싫었던 모양이었다.

그래서 어느 날 내 말을 아니꼽게 생각하고 있는 승무원들이 있는 거 같아서 말하지 않고도 더 효과가 있을 거라고 생각한 것이 하나 있었다. 그건 블로그 포스팅이었다. 직접 버스 운전하면서 경험한 걸 토대로 포스팅하는 사람이 없을 테니 상단 노출은 물론 버스 관련해서 전달하고 싶은 내용들을 속속들이 다 표현할 수 있을 것 같았다. 버스 관련해서 1개의 글을 포스팅 하기까지 3개월 동안 준비해서 올렸던 것이 말로 했던 것보다 효과가 컸다.

버스 기사가 직접 쓴 안전 운행의 노하우

블로그의 제목은 "시내버스 사고, 배터리 소모 줄이는 방법, 경제적 운전, 스무스 운전의 효과, 운행 질서, 땡큐버스, 잦은 차량 고장은 왜, 기어비 잡히지 않게 하려면"으로 제목이 참도 길었다. 키워드 검색 조회수를 높이기 위한 방법이기도 했다. 이 포스팅을 꼭 한 번쯤 봤으면 좋겠다는 사람에게 공유를 했다. 물론 회사 관리자 몇 분에게도 말이다. 그 당시 이 포스팅을 하게 된 더 결정적인 이유가 학생들 겨울방학 시작할 무렵이었는데 중형에도 그랬지만 대형에서도 승객이 많이 줄었는데도 불구하고 연이어 사고가 뻥뻥 터지고 있을 때였다. 어느 날 보이던 승무원이 안보여 물어보면 사직했다는 소리가 많이 들려왔었다.

그래서 블로그 포스팅 하려고 3개월 정도 준비해서 방학이 끝나갈 무렵 2월 중순에 네이버 블로그에 글을 올렸고 공유를 시작할 때쯤 전 학교 입학과 개학이 시작되었다. 여러 명과 블로그를 공유한 이후에 버스 승객이 제일 많은 시즌 3, 4, 5월에 사고가 전보다 많이 줄었고 시기가 되서 고장이 나는 거야 어쩔 수 없다지만 조급한 마음에 차를 험하게 다루어 발생하는 차량 고장은 줄어들기 시작했던 것 같았다. 포스팅 이후 공유하면서 1년 전과 많이 달라지고 있는 것이 보였다.

그 첫째가 차가 때가 되어서 고장이 나는 건 당연하겠지만 1년 전에는 중형차 대형차 할 것 없이 삐그덕 소리가 나는 차량들이 꽤나 많았었다. 정말 시끄러워서 운행을 할 수 없을 정도로 시끄러운 차들도 있었다. 그로 인해 승객들이 시끄럽다고 고쳐서 운행을 해야지 하며 승무원에게 짜증 부리는 승객이 있을 정도였다. 차고지에서도 대형차들의 삐그덕 소리를 자주 들을 수 있었다. 너무 많은 차들이 삐그덕 소리가 나니까 회사 내 정비과에서는 엄두도 못 내고 정말 심한 차들만 수리해 주었었다. 삐그덕 소리가 나면 나는 바퀴 부분에 물까지 뿌리고 운행을 했었다. 시끄럽던 차들도 비가 오는 날이면 소리 없이 부드럽게 나가는 것을 알았기 때문에 물을 뿌리고 운행하면 짧은 노선 한두 탕은 그나마 조금 견딜 만했었다.

그러나 우연의 일치일까! 신기하게도 블로그에 글을 올리고 1년이 지난 요즘 삐그덕 소리가 나는 대형차들을 거의 볼 수가 없다. 한동안 중형차에서도 소리가 나는 것을 많이 보지 못했는데 요즘 신입들이 많은 탓일까 삐그덕 소리 나는 중형차들이 눈에 띄기 시작했다. 신입들이 내 블로그를 보면서 조금이라도 도움이 됐으면 하는 생각을 하게 된다. 차를 어떻게 다루어야 되는지 대형차 운전하는 사람들은 많이들 알고 있어서일까 아님 차를 살살 다뤄서일까 대형차들은 삐그덕 소리가 나는 차들을 요즘 거의 보지 못했다. 중형차는 주로 신입들이

버스 기사가 직접 쓴 안전 운행의 노하우

운전을 많이 하기 때문에 운전 미숙으로도 삐그덕 소리가 날 수 있으므로 버스 운전 연습과 동시에 좋은 운전 습관으로 길들이는 것이 무엇보다 중요하다고 본다.

그리고 내가 지난해 7월에 또다시 대형으로 전환하면서 보니 끊이지 않는 주차장 사고도 여전했다. 중형 할 때는 운행을 다른 곳에서 출발을 했기 때문에 차고지 주차장 사고가 나는지 나지 않는지 알 수가 없었다. 대형으로 전환하고부터는 차고지에 있는 시간이 많아서인지 차고지에서 일어나는 일들을 더 많이 알 수 있었다. 하루가 멀다 하고 이어지는 주차장 사고 이래선 안 되겠다 싶었다. 그래서 대형 전환 후 한 달 반쯤 지난 시점에서 차고지 주차장 사고 줄이는 방법에 대해서 포스팅을 했다. 여러 명과 공유를 시작했다. 차고지 사고 역시 조급한 마음과 집중을 하지 않아서 나는 사고가 대부분이었기 때문에 주차장 사고는 이렇게 하면 줄일 수 있다는 내용의 블로그였다.

다른 법인과 같은 차고지를 사용하고 있는데 그 이후 우리 법인은 차고지 사고가 예전보다 많이 줄었고 최근엔 거의 나지 않는 것 같았다. 우리 법인 차를 타 법인 승무원이 박는 것은 여러 번 직접 목격하기도 했다. 블로그 공유는 우리 회사 동료들과 거의 하고 있었다.

또 운행 끝나고 차고지 들어올 때면 어떤 승무원은 앞차와 많이 벌어져서 들어왔는지 승객들로부터 많은 스트레스를 받고 들어왔는지 과도하게 액셀을 밟으며 괴음을 내며 차고지 입구에 들어서는 차량들을 많이 볼 수 있었다. 지난해 남편이 퇴근 시간에 맞춰 나를 몇 번 태우러 온 적이 있었다. 그때 나에게 차들이 시끄럽게 괴음을 내며 차고지에 올라간다는 얘기를 한 적 있었다. 나 역시 왜들 저렇게 시끄럽게 하고 올라가는 걸까 생각하고 있던 부분이었다. 그런데 요즘엔 차고지에 이 법인 저 법인 할 것 없이 시끄럽게 들어가는 차들이 거의 보이지 않는다. 또한 운행 중에도 괴음을 내며 운행하는 사람이 많았었는데 그 또한 거의 없어졌고 빨리 다니던 승무원들도 다는 아니지만 차를 살살 다루며 천천히 다니는 것을 많이 볼 수 있다.

전보다는 많은 승무원들이 연비를 조금씩은 높게 나오도록 운행하는 것 같다. 정확하게 알 수는 없지만 회사에서 사용하는 연료 절감 모니터를 보면 전(내가 대형 전환할 당시 2023년 7월~8월 쯤)에 운행하는 승무원 중에 물론 차마다 좀 다르긴 하지만 연비가 1.8~1.9 나오는 사람도 있었다. 요즘은 1.8~1.9 나오는 경우는 거의 없고 보통은 2.2~2.4가 나오고 있다. 연비가 잘 나오는 차는 2.7~2.8까지도 나온다. 지난해 7월부터 연료 절감 모니터를 신경 써 보면서 운전한 결과 연비를 높이려면 같은 조건에서도 퓨얼컷으로 운행해야 된다는 걸 알고는 여러 동료들에게 얘기 했더니 퓨얼컷이라는 말을 그 누구도 아는 사람은 없었다. 퓨얼컷을 모른다고 해서 그 또한 블로그 포스팅 후 공유를 했었다. 그 이후 내가 운행하는 노선의 연비는 전체적으로 좋아지고 있는 것 같다.

우리 회사는 운행관리 어플을 사용하는데 내가 막 대형으로 전환하던 지난해 7월보다 지금은 전체적으로 운행 점수도 좋아진 것 같다. 처음엔 노선 평균 과속과 기어비가 많이 잡혔는데(과속은 60km 이상, 기어비는 RPM 1700 이상) 요즘은 노선 평균으로 과속은 거의 잡히지 않고 기어비는 10분의 1로 줄었다. 결론은 차를 난폭하고 험하게 막 다루지 않는 증거일 수도 있다. 차를 살살 다루면 운행 점수는 훨씬 좋게 나온다.

내가 지금 운행하고 있는 노선에 2023년 7월부터 다시 대형으로 전환하면서 중형에서는 노선이 짧고 노선 자체가 여러 노선의 차들을 만나는 구간이 적었지만 지금은 수많은 버스를 노선에서 만나면서 5년 전에 운행할 때와 좀 바뀌어 가고 있는 것을 느꼈다. 그때는 운행 중 같은 노선의 앞차랑 붙었는지 시간의 여유가 많아서인지 앞에서 20~30km로 가면서 뒤차 생각도 않고 그냥 제 앞길만 가던 여러 노선의 승무원들이 참 많았었다. 할 수 없이 기회가 생겨 누군가 추월해 넘어가기라도 하면 기분 나쁘다고 다른 법인 다른 노선 담당 팀장한테 고자질하는 일이 허다했다. 자주 말이 나오니 우리 회사에서는 다른 법인 다른 노선의 버스를 추월해 넘어 다니지 말라고도 했었다. 추월해 넘어가지 않으면 앞차랑 더 벌어져 사고 날 확률이 높은데도 말이다. 난 앞에서 한가하다고 20~30km로 운행하면서 추월하지 못하게 한다는 것 또한 버스 사고의 원인이라고 떠들고 다녔다. 그리고 그 내용으로 블로그에 글을 올렸다.

그 이유에서일까? 요즘은 뒤차에 시선을 두고 운전하는 승무원들이 꽤나 많아졌다. 상황보고 비상등 켜서 추월해 가라고도 한다. 그걸 서로가 다 원했던 건데 제대로 못 하고 있었는지도 모른다. 어떻게 해야 하는지 몰라서 안 했는지도 모른다. 나는 늘 그렇게 운행하려고 따라오는 뒤차에 시선을 항시 두고 운전한다. 누군가가 그렇게들 하니 그 방법이 옳다고 생각했기에 한 사람씩 바뀌어 가고 있다고 생각된다. 요즘은 다른 법인 다른 노선의 많은 승무원들이 긴 노선에서 수많은 버스들을 만나면 바쁘지 않은 버스라면 추월 가능한 도로에서 하물며 버스 전용 도로에서도 넘어가라고 한다. 물론 다 그런

버스 기사가 직접 쓴 안전 운행의 노하우

건 아니지만 5년 전에는 상상도 못했던 일이다. 그래서 예전엔 버스 전용도로에서 20~30km로 운행하는 버스를 만나면 스트레스 무지 받았던 구간이기도 하다. 암튼 조급한 마음에 그런 배려를 받았다면 기분 좋게 운전하면서 사고도 줄어들지 않을까 하는 생각을 해 본다.

　최근 우리 회사는 몇 달 전보다 주차장 사고도 그렇고 운행 중 사고가 많이 줄어든 건 사실이지만 앞에서도 많은 언급을 했지만 이기적이고 배려심 없는 노선에서는 조급함으로 인한 사고는 여전히 발생하고 있다. 하루 빨리 운행 질서가 바로잡힌다면 버스 사고는 반드시 줄어들 것이다. 만일 운행 중에 일어나는 버스 사고가 줄었다면 운행하는 데 있어 심적으로 마음이 많이 편해졌다는 얘기도 된다.

　나의 자랑은 아니지만 내가 블로그 포스팅 한 글 중에 버스 관련해서 매일 같이 순방문자 수가 꾸준히 나오고 있다. 많게는 하루 100건 이상의 조회 수가 나오고 있고 적게는 하루 평균 60~70건씩 꾸준히 나오고 있는 것 같다. 갓 입사한 신입들과 얘기하다 보면 이미 입사하기 전 버스 관련해서 궁금한 것을 네이버 검색으로 나의 블로그를 많이 접했다고들 했다. 그러면서 텃밭 농사짓는 것과 축구하는 것도 알고 있었다. 그래서 나는 버스 관련해서 내 블로그의 영향력이 적지 않다고 믿고 있다. 내가 블로그에 글을 올린 방향대로 하나씩 흘러가고 있는 듯하다. 요즘에 다른 법인에서도 새로 들어온 신입들과 공유했으면 하고 링크 보내 달라고 하는 승무원도 있다. 또한 입사한지 얼마 안 되는 우리 법인 동료가 이런 글 봤으면 좋겠다 싶어 링크 몇 개를 보내 주었다. 그랬더니 그 링크를 중형 동료 승무원들과 공유해야겠다고 했다. 신입 동료들이 보고는 그런 내용을 알려 주는 사람이 없었는데 많은 도움이 되고 있다 한다고 내게 전해 주었다.

신입 승무원들 입사하기 전에도 나의 블로그를 접하고 입사하는 사람이 꽤나 있을 정도니 현재 KD에서 근무하고 있는 승무원들은 내 블로그에 대해 더 많이 알고 있지 않을까 하는 생각을 해 본다. 그래서일까! 버스 관련해서 블로그 포스팅을 시작하고 1년 반이 지나고 있는 시점에서 나의 존재감이 좀 더 높아지고 있다는 것을 느끼고 있다. 또 한 번 블로그 시작하기를 너무나도 잘했다고 생각된다.

그래서 앞으로 내가 버스 운전을 언제까지 할지는 모르겠지만 버스 운전을 직접 하지 않으면 그 느낌을 알 수 없으므로 책을 쓸 수가 없다. 그래서 그 느낌을 느끼고 있을 때 블로그에 올렸던 글들을 한 권의 책으로 정리해 두고 싶어서 이렇게 책을 쓰게 되었다.

버스 기사가 직접 쓴 안전 운행의 노하우

버스 운전을 해 보지 않은 사람은 이 글을 읽고 공감을 못할 것이다. 하지만 버스 운전을 했었거나 하고 있는 사람이라면 많이들 공감할 것이라고 믿는다.

불과 몇 년 전만 해도 나이 들고 할 거 없는 사람이 버스 운전을 한다고 하찮은 직업으로 여기던 시절이 있었다. 하지만 현재 서울은 준공영제를 전반적으로 다 실시한 상태고 경기지역도 차츰차츰 한 노선씩 준공영제로 바뀌는 추세이니 만큼 버스 운전이란 직업으로 몸담으려는 젊은 사람들이 남녀 불문하고 입사하고 있는 추세다. 버스 운전 경험이 없는 신입 버스 기사들이 늘어나는 만큼 버스 관련해서 궁금한 것도 많을텐데 누군가 알려 주는 사람이 많지 않아 사고 줄이는 방법과 버스를 어떻게 다루어야 고장이 덜 날 거며 연료를 적게 소모시키는 방법까지도 알면 버스 운전하는 데 많은 도움이 되지 않을까 하는 생각을 해 본다.

나의 목표와 목적은 앞서도 말했지만 우리나라에 현재 끊이지 않고 발생하는 버스 사고를 줄여서 인명피해, 재산피해를 줄일 뿐 아니라 아무것도 아닌 것 같고 와닿지 않을 수도 있지만 경제적 운전 습관(도로에 다니는 모든 차량 해당)으로 바꾸어 도로에 쓸데없이 뿌려지는 연료를 조금이라도 절감해서 나와 나의 가족, 회사, 나아가서는 연료가 부족한 우리나라 경

제에도 도움이 되길 바라는 마음에서 책을 쓰려고 마음먹었던
것이다.

 마지막으로 버스 사고 줄이고 경제적인 운전을 하려면 최종
결론의 정답은 운행 질서가 바로잡혀 조급한 마음 갖지 않고
여유 있게 퓨얼컷으로 운전하는 것이다. 운행 질서만 바로잡
힌다면 사고와 차량 고장이 줄어들 뿐만 아니라 연료 절감은
물론이고 신호위반도 줄어들게 될 것이며 서비스 질 또한 높
아지면서 민원 발생도 줄어들 것이다.

 이 책의 전체적인 글들은 저자의 직접적인 경험을 통해 저
자의 견해에서 쓰인 글임을 알린다.

버스 기사가 직접 쓴 안전 운행의 노하우

버스 기사가 직접 쓴
안전 운행의 노하우

ⓒ 임명자, 2024

초판 1쇄 발행 2024년 7월 25일

지은이   임명자
펴낸이   이기봉
편집   좋은땅 편집팀
펴낸곳   도서출판 좋은땅
주소   서울특별시 마포구 양화로12길 26 지월드빌딩 (서교동 395-7)
전화   02)374-8616~7
팩스   02)374-8614
이메일   gworldbook@naver.com
홈페이지   www.g-world.co.kr

ISBN   979-11-388-3372-1 (03550)